太阳能光伏技术的建筑应用
——以重庆地区为例

丁 勇 著

科学出版社

北京

内 容 简 介

本书主要围绕太阳能光伏技术在建筑中的应用进行了阐述，结合重庆地区的太阳能资源情况，针对小型离网式太阳能光伏发电系统、光伏活动式遮阳系统以及光伏导光、通风一体化集成技术系统进行了测试分析和论证，得出了相应的技术应用效果和应用控制策略。本书同时结合实际工程案例，对光伏发电系统在重庆地区的节能效益及实际应用策略进行了探讨。

本书是作者对太阳能光伏技术在重庆地区建筑应用效果理论研究和工程实践的总结，可供从事太阳能光伏利用技术相关专业的工程技术人员在进行技术研究和工程设计时参考使用，也可供相关专业院校师生参考使用。

图书在版编目(CIP)数据

太阳能光伏技术的建筑应用：以重庆地区为例 / 丁勇著. — 北京：科学出版社，2022.4（2023.3 重印）

ISBN 978-7-03-070727-7

Ⅰ.①太⋯　Ⅱ.①丁⋯　Ⅲ.①太阳能发电–应用–建筑工程–研究–重庆　Ⅳ.①TU

中国版本图书馆 CIP 数据核字 (2021) 第 238162 号

责任编辑：华宗琪 / 责任校对：彭　映
责任印制：罗　科 / 封面设计：义和文创

科 学 出 版 社 出版

北京东黄城根北街16号
邮政编码：100717
http://www.sciencep.com

成都锦瑞印刷有限责任公司印刷

科学出版社发行　各地新华书店经销

*

2022 年 4 月第 一 版　　开本：787×1092 1/16
2023 年 3 月第二次印刷　　印张：13 1/4
字数：314 000

定价：119.00 元
（如有印装质量问题，我社负责调换）

前　言

近年来，光伏发电已在全球许多国家和地区成为最经济的发电方式，具备了大规模应用、逐步替代化石能源的条件，成为全球发展可再生能源的第一主角。我国作为光伏发电的新兴市场，自 2013 年，连续四年装机容量全球第一。在"双碳"目标的战略背景下，光伏发电潜力巨大，是"双碳"目标实现的主要力量。

本书针对当前太阳能光伏技术的发展与应用现状，结合重庆地区的地理位置与资源分布特点，对太阳能光伏技术在建筑中的几种应用形式展开研究。通过对小型离网式太阳能光伏发电系统开展周期性实验测试，以获取系统在全年、季节性以及典型天气下的运行效果，以及组件的通风与清洗效果，归纳出影响建筑应用中光伏发电系统发电量的主要因素。通过对光伏活动式遮阳系统的运行效果进行测试，分析不同季节、不同朝向房间对室内光热环境的优化需求，制订不同遮阳方案的具体调控策略。为进一步探讨光伏相关组件与建筑功能性需求的集成应用，通过采取热压通风与机械通风、光导照明与发光二极管 (light-emitting diode，LED) 照明相结合的通风采光一体化思路，进行地下空间光环境与空气品质综合改善集成技术的研发，形成了"一种可监测效果的集成光伏驱动的地下空间用自然通风与采光装置及其调控方法"关键技术。

本书还对光伏发电系统在重庆地区应用的技术投入回收期及节能效益进行探讨，并结合光伏发电扶贫政策和某实际工程案例，对光伏发电系统在实际中的应用策略进行阐述，以更好地推进光伏发电系统在重庆地区的建筑一体化应用，为重庆地区太阳能光伏工程应用及科研分析等提供参考。

作者带领的课题组在众多项目的支持下，对重庆地区光伏发电技术的建筑应用理论和实践展开了多年的研究，积累了大量测试、分析、运行数据资料及经验，本书是其相关成果的总结。全书由重庆大学丁勇教授撰写，崔凯淇等硕士研究生整理，唐爽、吴佐、胡熠、徐浩森、杨婷婷等参加了研究，最终由科学出版社负责全书的完善与出版，在此对所有参与本书成稿和出版工作的人员表示衷心的感谢。

本书旨在总结重庆地区太阳能资源的建筑应用潜力，切实推动重庆地区太阳能光伏技术建筑应用的发展建设，实现太阳能资源的高效应用，助力"双碳"目标的实现。

由于作者水平有限，书中难免存在不足之处，恳请读者批评指正。

目　　录

第1章　太阳能光伏技术在建筑中的应用背景 ··· 1

1.1　光伏技术发展历程 ··· 1

1.2　国内外对光伏发电技术的激励政策 ··· 2

1.3　建筑一体式光伏发电概述 ··· 4

1.4　重庆地区太阳能光伏技术的应用现状 ·· 5

第2章　太阳能光伏发电系统概述 ··· 7

2.1　太阳能光伏发电原理 ··· 7

2.1.1　半导体与金属导体导电的机理 ··· 7

2.1.2　半导体的能带结构与光电导 ·· 7

2.1.3　光伏效应 ·· 8

2.2　太阳能光伏发电系统的类型及组成 ·· 8

2.2.1　太阳能光伏发电系统的类型 ·· 8

2.2.2　太阳能光伏发电系统的组成 ·· 9

2.3　重庆地区气象资源情况 ·· 12

2.4　太阳能光伏发电系统的技术特点 ·· 15

第3章　分布式光伏发电系统的应用与测试 ··· 17

3.1　分布式光伏发电系统研究平台简介 ·· 17

3.1.1　太阳能光伏发电系统 ·· 17

3.1.2　气象参数监测系统 ··· 22

3.1.3　数据采集系统 ··· 23

3.1.4　实验实施方案 ··· 25

3.2　典型日天气运行效果分析 ·· 28

3.2.1　典型日天气分类定义 ·· 28

3.2.2　不同太阳辐照度下的光伏发电效率 ·· 28

3.2.3　不同环境温度下的光伏发电效率 ··· 30

3.3　季节运行效果分析 ·· 32

3.3.1　春季运行效果分析 ··· 32

3.3.2　夏季运行效果分析 ··· 33

3.3.3　秋季运行效果分析 ··· 35

3.3.4　冬季运行效果分析 ··· 36

3.3.5　不同季节近似太阳辐照度下的发电量对比 ⋯⋯⋯⋯⋯⋯⋯⋯ 37

3.4　全年运行效果分析 ⋯⋯⋯⋯⋯⋯⋯⋯⋯⋯⋯⋯⋯⋯⋯⋯⋯⋯⋯⋯ 39

3.4.1　全年太阳辐照度数据 ⋯⋯⋯⋯⋯⋯⋯⋯⋯⋯⋯⋯⋯⋯⋯⋯⋯ 39

3.4.2　全年太阳辐照度和光伏发电量的拟合关系 ⋯⋯⋯⋯⋯⋯⋯⋯ 40

3.5　光伏组件夏季通风实验分析 ⋯⋯⋯⋯⋯⋯⋯⋯⋯⋯⋯⋯⋯⋯⋯⋯ 42

3.5.1　通风实验装置及风速测点布置 ⋯⋯⋯⋯⋯⋯⋯⋯⋯⋯⋯⋯ 42

3.5.2　组件温度和光电转换效率随通风的变化曲线 ⋯⋯⋯⋯⋯⋯⋯ 43

3.5.3　组件温度和光电转换效率随通风的变化规律分析 ⋯⋯⋯⋯⋯ 51

3.6　光伏组件清洗效果分析 ⋯⋯⋯⋯⋯⋯⋯⋯⋯⋯⋯⋯⋯⋯⋯⋯⋯⋯ 51

3.6.1　夏季清洗光伏组件对性能的影响 ⋯⋯⋯⋯⋯⋯⋯⋯⋯⋯⋯ 52

3.6.2　冬季清洗光伏组件对性能的影响 ⋯⋯⋯⋯⋯⋯⋯⋯⋯⋯⋯ 53

3.6.3　重庆地区清洗光伏组件的适应性分析 ⋯⋯⋯⋯⋯⋯⋯⋯⋯ 54

3.7　影响系统发电量因素分析 ⋯⋯⋯⋯⋯⋯⋯⋯⋯⋯⋯⋯⋯⋯⋯⋯⋯ 55

3.7.1　自然环境因素分析 ⋯⋯⋯⋯⋯⋯⋯⋯⋯⋯⋯⋯⋯⋯⋯⋯⋯ 55

3.7.2　设计安装因素分析 ⋯⋯⋯⋯⋯⋯⋯⋯⋯⋯⋯⋯⋯⋯⋯⋯⋯ 59

3.7.3　系统设备因素分析 ⋯⋯⋯⋯⋯⋯⋯⋯⋯⋯⋯⋯⋯⋯⋯⋯⋯ 61

3.8　本章小结 ⋯⋯⋯⋯⋯⋯⋯⋯⋯⋯⋯⋯⋯⋯⋯⋯⋯⋯⋯⋯⋯⋯⋯⋯ 63

第4章　光伏活动式遮阳系统的应用与测试 ⋯⋯⋯⋯⋯⋯⋯⋯⋯⋯⋯⋯ 64

4.1　光伏活动式遮阳系统的性能评价指标 ⋯⋯⋯⋯⋯⋯⋯⋯⋯⋯⋯⋯ 64

4.1.1　光伏活动式遮阳系统的发电性能及影响因素 ⋯⋯⋯⋯⋯⋯⋯ 64

4.1.2　光伏活动式遮阳系统对室内光环境的影响及评价指标 ⋯⋯⋯ 66

4.1.3　光伏活动式遮阳系统对室内热环境的影响及评价指标 ⋯⋯⋯ 69

4.1.4　光伏活动式遮阳系统的重点分析指标 ⋯⋯⋯⋯⋯⋯⋯⋯⋯ 70

4.2　光伏活动式遮阳系统研究平台简介 ⋯⋯⋯⋯⋯⋯⋯⋯⋯⋯⋯⋯⋯ 71

4.2.1　实验地点概况 ⋯⋯⋯⋯⋯⋯⋯⋯⋯⋯⋯⋯⋯⋯⋯⋯⋯⋯⋯ 71

4.2.2　光伏活动式遮阳设计 ⋯⋯⋯⋯⋯⋯⋯⋯⋯⋯⋯⋯⋯⋯⋯⋯ 71

4.2.3　光伏发电系统概况 ⋯⋯⋯⋯⋯⋯⋯⋯⋯⋯⋯⋯⋯⋯⋯⋯⋯ 75

4.2.4　实验测试系统 ⋯⋯⋯⋯⋯⋯⋯⋯⋯⋯⋯⋯⋯⋯⋯⋯⋯⋯⋯ 79

4.3　冬季光伏活动式遮阳系统对室内光热环境的影响 ⋯⋯⋯⋯⋯⋯⋯ 83

4.3.1　南向阴雨天气室内光热环境的影响效果分析 ⋯⋯⋯⋯⋯⋯⋯ 83

4.3.2　南向阴间多云天气室内光热环境的影响效果分析 ⋯⋯⋯⋯⋯ 88

4.3.3　西向阴雨天气室内光热环境的影响效果分析 ⋯⋯⋯⋯⋯⋯⋯ 93

4.3.4　西向阴间多云天气室内光热环境的影响效果分析 ⋯⋯⋯⋯⋯ 99

4.4　夏季光伏活动式遮阳系统对室内光热环境的影响 ⋯⋯⋯⋯⋯⋯ 106

4.4.1　南向晴间多云天气室内光热环境的影响效果分析 ⋯⋯⋯⋯ 107

4.4.2 南向晴朗天气室内光热环境的影响效果分析 ················· 111

4.4.3 西向晴间多云天气室内光热环境的影响效果分析 ············· 116

4.4.4 西向晴朗天气室内光热环境的影响效果分析 ················· 122

4.5 光伏活动式遮阳系统运行效果分析 ······························ 129

4.5.1 冬季运行效果分析 ··· 129

4.5.2 夏季运行效果分析 ··· 134

4.5.3 全年运行效果分析 ··· 139

4.6 光伏活动式遮阳系统调控策略 ································· 142

4.6.1 室内光环境基本状况及需求分析 ····························· 142

4.6.2 室内热环境基本状况及需求分析 ····························· 144

4.6.3 光伏活动式遮阳系统的优化评价指标 ······················· 146

4.6.4 光伏活动式遮阳系统优化分析方法及模型 ··················· 147

4.6.5 光伏活动式遮阳系统优化计算结果 ························· 148

4.6.6 光伏活动式遮阳系统的调控策略 ··························· 150

4.7 本章小结 ·· 153

第5章 光伏导光、通风一体化集成系统 ··························· 154

5.1 光伏导光、通风一体化集成技术原理 ······················· 154

5.2 光伏导光、通风一体化集成系统实验平台 ··················· 157

5.3 光伏导光、通风一体化集成系统实测效果 ··················· 158

5.4 本章小结 ·· 160

第6章 重庆地区光伏发电系统投资回收及节能效益分析 ········· 161

6.1 建筑选取及系统设计 ··· 161

6.1.1 建筑选取 ··· 161

6.1.2 系统容量设计 ··· 162

6.1.3 电气设计 ··· 163

6.1.4 安装设计 ··· 166

6.2 发电量软件模拟 ··· 166

6.2.1 PVsyst软件介绍 ··· 166

6.2.2 模拟过程及计算结果 ······································· 167

6.3 投资回收期计算 ··· 173

6.3.1 初始条件 ··· 173

6.3.2 度电成本计算 ··· 175

6.3.3 投资回收期计算 ··· 176

6.4 生命周期评价 ··· 176

6.4.1 光伏发电系统生命周期评价概述 ····························· 176

　　6.4.2　能量回收期计算 ·· 178

　　6.4.3　环境效益计算 ··· 179

　6.5　本章小结 ·· 180

第7章　光伏发电系统应用分析 ······································ 181

　7.1　重庆地区光伏发电系统应用策略 ·································· 181

　　7.1.1　设计安装策略 ··· 181

　　7.1.2　运行优化策略 ··· 186

　7.2　某项目光伏发电系统发电量分析 ·································· 192

　　7.2.1　枢纽建筑光伏发电系统发电量 ································· 192

　　7.2.2　商业及公共建筑光伏发电系统发电量 ························· 195

　　7.2.3　路灯灯杆光伏发电系统发电量 ································· 196

　　7.2.4　光伏发电潜力结论及建议 ····································· 196

参考文献 ··· 199

后记 ··· 201

第1章　太阳能光伏技术在建筑中的应用背景

1.1　光伏技术发展历程

19 世纪中叶法国贝克勒尔(Becqurel)发现光照能够使半导体材料产生光伏效应,人们对光伏技术的探索由此揭开了序幕。之后亚当斯(Adams)等发现了金属和硒片上的固态光伏效应,并于 1883 年制成了第一个可以充当光照敏感器件的硒光电池。1932 年,第一块硫化镉太阳能电池问世,1941 年奥尔在硅上发现了光伏效应,该发现将光电材料领域集中在对硅及其合成半导体材料的研究中。1954 年 5 月,美国贝尔实验室研制出单晶硅太阳能电池,这是世界上第一个有实用价值的太阳能电池,《纽约时报》称其为“最终导致使无限阳光为人类文明服务的一个新时代的开始”。也是在同一年,威克尔首次发现了砷化镓有光伏效应,并在玻璃上沉积硫化镉薄膜,制成了太阳能电池。太阳能转化为电能的实用光伏发电技术由此诞生并发展起来。

我国幅员辽阔,太阳能资源也极为丰富,据不完全估计,我国光照储量相当于 17000 亿 t 标准煤。通过光伏发电可以充分利用我国丰富的太阳能资源和土地空间资源,缓解我国能源紧张的现状。

但我国光伏发电产业起步较晚,在 2000 年后,单晶硅和非晶硅逐步走出实验室进行规模化生产,光伏产业才开始迅猛发展。2001 年国家推出“中国光明工程”,以通过光伏发电的形式解决偏远山区的用电问题。之后无锡尚德、天威英利等一批光伏电池生产公司纷纷上市,表明我国的光伏电池制作技术已经逐渐成熟。

2009 年国家开始实施“金太阳示范工程”,对并网光伏发电项目给予 50%或以上的投资补助。截至 2016 年底,我国光伏装机总量已超过 75GW,这充分证明,我国的光伏发电产业进入了全面发展时期。

光伏产业的发展推动了建筑光伏一体化技术的发展和光伏建筑结合工程的建设。我国于 2009 年启动了太阳能光电建筑应用示范项目,推动光电建设市场的发展。在国家的支持和鼓励下,一大批光伏建筑一体化(building intergrated photovoltaic,BIPV)项目相继建成,如北京首都博物馆(300kWp,2005 年建成)、北京国家体育馆(100kWp,2007 年建成)、上海世界博览会主题馆(2.6MWp,2010 年建成)等。在 2009 年和 2010 年两年,我国共建设了 210 个太阳能 BIPV 项目。随着社会经济不断发展,城市化进程不断加快,BIPV 系统在中国有着更为广阔的发展空间。

2014~2017 年,国内光伏发展走上快车道,截至 2014 年底,光伏发电累计装机容量 2805 万 kW,同比增长 60%,其中,独立光伏电站装机容量为 2338 万 kW,分布式光伏电站装机容量为 467 万 kW,年发电量约 250 亿 kWh,同比增长超过 200%。2014 年新增装机容量 1060 万 kW,约占全球新增装机容量的 1/5,占我国光伏电池组件产量的 1/3。

截至 2015 年底，我国光伏发电累计装机容量 4318 万 kW，成为全球光伏发电装机容量最大的国家。截至 2016 年底，我国光伏发电新增装机容量 3454 万 kW，累计装机容量 7742 万 kW，新增和累计装机容量均为全球第一。

2018 年，继《关于 2018 年光伏发电有关事项的通知》出台后，光伏标杆电价下调及行业需求减少导致产业链价格大幅下降，带动装机系统成本降低，收益率提升，刺激海外装机需求快速增长；2018 年和 2019 年海外装机容量分别为 60GW 和 90GW，分别同比增长 46% 和 50%。在海外光伏新增装机容量快速增长带动下，2018 年全球实现光伏新增装机容量 104.1GW，同比增长 2.1%。2019 年光伏产业链降价驱动海外新增装机容量达到 90GW 左右，助力全球光伏新增装机容量实现 120GW 水平，同比增长 15.3%。

2019 年开启光伏竞争性配置新阶段。2019 年 5 月 30 日，国家能源局制定了以竞价上网方式确定光伏项目补贴强度以及装机规模的总体工作思路，规定了 30 亿的光伏补贴总规模，其中户用项目补贴 7.5 亿元，普通光伏电站、工商业分布式以及国家组织实施的专项工程和示范项目，补贴总额不超过 22.5 亿元。国家发展和改革委员会将集中式光伏电站标杆上网电价改为指导价，新增集中式光伏电站上网电价通过市场竞争方式确定，但不得超过所在资源区指导价。

2020 年，我国光伏新增和累计装机容量继续保持了全球第一，国内光伏新增装机容量达 48.2GW，创历史第二新高，同比增长 60%，特别是集中式电站同比增长了近 83%；截至 2020 年底，光伏累计并网装机容量达 253GW，同比增长 23.5%；全年光伏发电量 2605 亿 kWh，同比增长 16.2%，占我国全年总发电量的 3.5%，同比提高 0.4 个百分点。

1.2　国内外对光伏发电技术的激励政策

1. 国外对光伏发电技术的激励政策

20 世纪 70 年代以来，德国、意大利等重视环境的欧盟国家和很多传统发电资源极端贫乏的国家，其新能源尤其是太阳能光伏发电比重开始上升。21 世纪以来，又有两大因素促进各国对太阳能光伏发电的重视：一是全球化石燃料价格的飞涨；二是传统能源使用带来全球环境污染问题。光伏新能源无论是在美国、欧盟、日本等发达国家或地区还是在广大发展中国家，都受到了前所未有的重视。

美国作为世界上最大的经济体，其政策受到全世界的关注，在光伏发电方面也不例外。美国光伏发电行业政策主要有两大类：联邦财政激励计划和法律法规、标准、约束性指标等管理类政策。其中，联邦财政激励计划并不局限于补贴，而是以税收优惠为主，并对税收、贷款、担保等各项投融资流程均有惠及，旨在提高光伏行业的投资驱动力。2010 年 7 月，美国参议院能源委员会投票通过了"千瓦屋顶计划"，2012～2021 年累计投资 50 多亿美元。

欧盟设定了 2030 年可再生能源占能源需求结构 27% 的目标，助力光伏发展。

在具体政策方面，欧盟各国的大方向是减少光伏补贴，使之更为市场化。

德国是世界上最大的光伏市场，德国 2012 年光伏装机容量为 7.7GW，2013 年装机容量为 6.5GW，2017 年累计装机容量为 42GW。德国太阳能光伏发电已占其全部电力消费的 5%以上，光伏总发电量占总电力消耗的 6%。德国光伏市场发展的主要原因就是制定和实施了上网电价法，其补贴政策是面向发电量。德国根据电站规模、安装位置的不同，制定不同的补贴价格，通过价格的差异来引导电力公司和居民结合自己的情况进行安装适用。德国政府还分别从税收、信贷、补贴等各方面给予并网光伏支持。政府规定并网光伏投资费用(包括规划费用和安装费用)可以折旧 20 年，其他费用可以视为运营成本。

在太阳能利用领域，目前世界上太阳能发电专利主要由日本厂家掌握。2012 年日本光伏装机容量为 1.398GW，其中民用光伏发电系统占 1.027GW，非民用光伏发电系统仅占 371MW。2013 年，日本光伏装机容量达到 2.3GW，2016 年达到峰值 14.3GW。自 20世纪 90 年代初开始，日本就把光伏屋顶并网发电纳入"阳光计划"，开始实施政府补贴政策，日本政府补贴力度很大，初始补贴达到光伏发电系统造价的 70%，让投资者能很快回收成本。由于补贴力度大，不但使日本在相当长时间内成为世界最大的太阳能电池生产国，而且使日本成为世界光伏市场最大的国家。

新兴市场以印度为代表，主要集中在亚太地区和非洲，其光伏产业处于发展初期，装机容量较小，国家为推动光伏发展制定了优厚的政策扶持。整体而言，印度政府推出了宏大的国家太阳能计划——至 2022 年，总装机容量达到 100GW，该计划被认为是推动印度光伏行业发展的主要动力。印度政府政策包括可再生能源购买义务(renewable purchase obligation，RPO)、各类融资激励、穆迪政府推出的对国有电力输送公司的援助计划(Ujjwal Discom Assurance Yojana，简称 UDAY)、太阳能公园等。

2. 国内对光伏发电技术的激励政策

我国在 2006 年颁布实施了《中华人民共和国可再生能源法》，其中明确规定国家鼓励和支持可再生能源并网发电，电网企业应当与依法取得行政许可或者报送备案的可再生能源发电企业签订并网协议，全额收购其电网覆盖范围内可再生能源并网发电项目的上网电量，并为可再生能源发电提供上网服务。

2009 年财政部与住房和城乡建设部联合出台《关于加快推进太阳能光电建筑应用的实施意见》和《太阳能光电建筑应用财政补助资金管理暂行办法》，明确指出国家财政支持"屋顶太阳能计划"，注重发挥财政资金政策杠杆的引导作用，形成政府引导、市场推进的机制和模式，加快光电商业化发展。并制定一系列财政补助资金使用及补贴标准。随后的 2010 年下发了《关于加强金太阳示范工程和太阳能光电建筑应用示范工程建设管理的通知》。

2011 年以来，我国光伏产业区域集群化发展态势初步显现，形成了江苏、河北、浙江、江西、河南等区域产业中心，生产的光伏组件 90%销往欧美等发达国家，同时政府出台了《太阳能光电建筑应用财政补助资金管理暂行办法》，为光伏建筑一体化领域进一步发展提供了有力的政策扶持和基础保障。

在 2012 年下发的《关于组织实施 2012 年度太阳能光电建筑应用示范的通知》中，国家对当年补贴项目的规模、类型、质量、周期、补贴标准以及申请补贴条件进行了确定。

2013 年 8 月，下发的《国家发展改革委关于发挥价格杠杆作用促进光伏产业健康发展的通知》中，对电价及补贴进行深度分析，划分了光伏资源区等级，进一步明确了光伏电站及分布式光伏发电的补贴机制和标准。

2015 年 1 月，国家能源局发布《关于发挥市场作用促进光伏技术进步和产业升级的意见(征求意见稿)》，提出了"领跑者计划"的概念。在 2015 年 6 月，国家能源局联合工业和信息化部、国家认证认可监督管理委员会共同发布《关于促进先进光伏技术产品应用和产业升级的意见》，提出了光伏市场准入基本要求和"领跑者计划"技术指标。

2018 年，工业和信息化部发布《智能光伏产业发展行动计划(2018—2020 年)》，表示要加快产业技术创新，提升智能制造水平；推动两化深度融合，发展智能光伏集成运维；促进特色行业应用示范，积极推动绿色发展。鼓励光伏企业与信息、交通、建筑、农业、能源、扶贫等领域企业探索可推广、可复制的智能光伏建设模式。充分利用中央财政相关专项资金、地方财政资金等渠道，推动相关资源集约化整合和精准投放，加大对智能光伏产业扶持力度。

自 2020 年下半年以来，国家层面多次提出"碳达峰"和"碳中和"发展目标。2020 年 9 月，国家主席习近平在第七十五届联合国大会一般性辩论上提出："中国将提高国家自主贡献力度，采取更加有力的政策和措施，二氧化碳排放力争于 2030 年前达到峰值，努力争取 2060 年前实现碳中和。"同年 12 月，习近平主席在气候雄心峰会上发表题为《继往开来，开启全球应对气候变化新征程》的讲话，并宣布，到 2030 年，中国风电、太阳能发电总装机容量将达到 12 亿 kW 以上。在"碳达峰"和"碳中和"的大背景下，光伏发电将成为未来主要的发电方式之一。

在 2021 年全国能源工作会议上，国家能源局提出了 2021 年我国风电、太阳能发电合计新增 1.2 亿 kW 的目标，超出市场预期。围绕上述目标，除了国家正在制定的扶持政策，多个省(市)陆续出台的"十四五"规划和 2035 年远景目标中，也写入了清洁能源、可再生能源、光伏、风电、氢能、新能源汽车等关键词，奠定了未来 5～10 年的能源发展基调。

1.3　建筑一体式光伏发电概述

光伏建筑一体化(BIPV)，又称光电建筑一体化，是指在建筑上安装光伏发电系统，并通过专门设计，实现光伏发电系统与建筑的良好结合。我国目前对 BIPV 有两种理解：广义的 BIPV 是指安装在所有建筑物上的太阳能光伏发电系统；狭义的理解则要求与建筑物同时设计、同时施工、同时安装并与建筑物完美结合。广义的理解只是借助建筑场地实现光伏发电，没有考虑光伏发电系统与建筑结合的统一性与美观性，不足以体现一体化；狭义的理解则正好相反，光伏与建筑同时设计、同时施工、同时安装，实现了高度的一体化，但有其局限性，即在既有建筑上安装光伏发电系统并与建筑实现良好结合的项目不包括在内。

根据光伏阵列与建筑结合的方式不同，光伏建筑一体化可分为两大类：一类是光伏阵列与建筑的结合，如光伏阵列与墙面或屋面的结合；另一类是光伏阵列与建筑的集成，如光电瓦屋顶、光电幕墙和光电采光顶等。在这两种方式中，光伏阵列与建筑的结合是一种常用的形式，特别是与建筑屋面的结合。由于光伏阵列与建筑的结合不占用额外的地面空间，是光伏发电系统在城市中广泛应用的最佳安装方式，因而备受关注。光伏阵列与建筑的集成是 BIPV 的一种高级形式，它对光伏组件的要求较高，光伏组件不仅要满足光伏发电的功能要求，同时要兼顾建筑的基本功能要求。

1.4　重庆地区太阳能光伏技术的应用现状

重庆地区属于我国划分的太阳能Ⅳ类资源区。总体来说，其光照资源情况一般；从区域来说，渝东优于渝西，山区优于主城区。

表 1.1 为国家能源局对 2016 年我国各省(区、市)光伏发电的统计，可以看到重庆处于全国各省(区、市)的最末位。重庆地区光伏发电累计装机容量为 0.5 万 kW，仅为全国累计装机容量的 0.065‰，也远低于太阳辐射资源相当的贵州、四川，两地累计装机容量分别为 46 万 kW、96 万 kW。

表 1.1　国家能源局 2016 年光伏发电统计

省(区、市)	累计装机容量/万 kW	光伏电站装机容量/万 kW	省(区、市)	累计装机容量/万 kW	光伏电站装机容量/万 kW
北京	24	5	湖北	167	167
天津	60	48	湖南	30	0
河北	443	404	广东	156	68
山西	297	284	广西	18	9
内蒙古	637	637	海南	34	24
辽宁	52	36	重庆	0.5	0
吉林	56	51	四川	96	90
黑龙江	17	12	贵州	46	46
上海	35	2	云南	208	208
江苏	546	373	西藏	33	33
浙江	338	131	陕西	334	322
安徽	345	267	甘肃	682	680
福建	27	11	青海	682	682
山西	228	171	宁夏	526	505
山东	455	336	新疆	862	862
河南	284	248	总计	7718.5	6712

自 2015 年重庆市扶贫开发领导小组办公室、重庆市能源局联合发布《光伏扶贫"聚光"行动》以来，重庆市巫溪县、巫山县、奉节县三个试点县已经接入光伏站点 1047 户，总装机容量 1.87kW。2019 年，按照"即时接入、即时发电、即时收益"的原则，已全额接收光伏扶贫上网电量 1398.31 万 kWh，结算电费 755.71 万元，让重庆市三个县 1047 户村民受益。

自 2018 年以来，国家电网重庆市电力公司持续推进国家级贫困县、重庆市级深度贫困乡镇电网改造升级，至 2020 年 3 月，累计投入电网改造资金 41 亿余元，18 个重庆市级深度贫困乡镇，户均供电容量由 1.35kVA 提升至 2.1kVA，助推 18 个贫困县脱贫摘帽，为重庆市脱贫攻坚提供了充足可靠的电力。

2020 年，国家电网重庆市电力公司推广光伏扶贫电站信息监测系统功能，为光伏扶贫电站运行提供了有力的平台支撑，并做好光伏扶贫电站服务，常态化开展光伏扶贫电站电网侧异常治理，确保不因电网侧问题影响光伏扶贫电站运行。

第2章　太阳能光伏发电系统概述

2.1　太阳能光伏发电原理

2.1.1　半导体与金属导体导电的机理

"半导体"这个名词是相对于"导体"而言的。导电能力强的物体称为导体，不能导电的物体称为绝缘体。导电能力比导体要弱得多，而比绝缘体又强得多的物体，称为半导体。

半导体与金属导体导电的机理有本质的不同。半导体与金属(导体)相比，其电导率比金属的电导率要小两三个数量级，这只是金属与半导体在电导率上的量的区别，更重要的是它们还有本质上的区别。金属中自由电子的浓度是不变的，即使将温度降到热力学零度，浓度还是不变，温度和外来杂质只稍微影响其迁移率大小。因此，金属的电导率与温度和杂质的关系比较小。半导体与此相反，在热力学零度下没有自由电子，温度的升高及杂质的加入都能使半导体自由电子的浓度显著增加，即半导体的电导率与温度和杂质含量的关系非常密切。

2.1.2　半导体的能带结构与光电导

在由大量原子组成的晶体内，位于每个原子内圈的电子，其运动很少受其他原子的影响，仍保持其原来的运动状态和能量。而位于原子核外围的电子，由于本身所处能级高，含有的能量多，改变原来运动的动力足，自然在受到其他原子的作用时，更容易改变其运动状态。原先是围绕它所属的原子核运动，而现在却在整个晶体中运动，再也不属于任何一个原子。它的运动能量显然与原有运动能量不同。例如，体积仅有 $1cm^3$ 晶体的情况，若在这 $1cm^3$ 晶体内总共有 M 个原子，则这些原子都是在整个晶体中运动，运动状态是 M 个，有 M 个能级。但每个运动状态具有的能量是不相等的，它们均匀地分配在最高能量与最低能量之间。由于 M 很大，最高能量与最低能量之差也不大，因此这 M 个能级实际上组成了一个在能量上可以认为是连续的带，称为能带。

辐射照射半导体也可以产生载流子，只要辐射光子的能量大于禁带宽度，电子吸收了这个光子就足以跃迁到导带中去，产生一个自由电子和一个自由空穴。辐射所激发的电子或空穴，在进入导带或满带后，也具有迁移性。因此，辐射的效果就是使半导体中的载流子浓度增加。本征半导体吸收光子能量使价带中的电子激发到导带，这一过程称为本征吸收。此时总的载流子浓度就比热平衡下的载流子浓度大，增加的载流子称为光生载流子，由此而增加的电导率称为光电导。

实际上每个电子吸收一个光子而进入导带后，就能在晶体中自由运动。若有电场存在，则这个电子就参与导电。但经过一段时间后，这个电子有可能消失，不再参与导电。事实上，任何一个光生载流子都只有一段时间参与导电，这段时间有长有短，其平均值称为载流子寿命。

2.1.3　光伏效应

光生伏特效应简称光伏效应，是指光照在不均匀半导体或半导体与金属结合的不同部位之间产生电位差的现象，它首先是由光子(光波)转化为电子、光能量转化为电能量的过程；其次是形成电压的过程。有了电压，就像筑高了大坝，如果两者之间连通，就会形成电流的回路。

如果光线照射在太阳能电池上并且光在界面层被吸收，那么具有足够能量的光子能够在 P 型硅和 N 型硅中将电子从共价键中激发，进而产生电子-空穴对。因 P 型区产生的光生空穴及 N 型区产生的光生电子属多子，故它们都被势垒阻挡而不能通过 PN 结。只有 P 型区的光生电子、N 型区的光生空穴和 PN 结区的电子-空穴对(少子)扩散到结电场附近时才能在内建电场作用下漂移过结。光生电子被拉向 N 型区，光生空穴被拉向 P 型区，即电子-空穴对被内建电场分离。这导致在 N 型区边界附近有光生电子积累，在 P 型区边界附近有光生空穴积累。它们产生一个与热平衡 PN 结的内建电场方向相反的光生电场，其方向由 P 型区指向 N 型区。此电场使势垒降低，其减小量即光生电势差，P 端正，N 端负。于是产生一个向外的可测试的电压，有结电流由 P 型区流向 N 型区，其方向与光电流相反。通过光照在界面层产生的电子-空穴对越多，电流越大。界面层吸收的光能越多，界面层即电池面积越大，在太阳能电池中形成的电流也越大。图 2.1 即光伏效应。

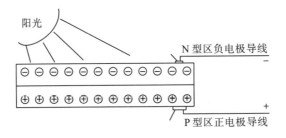

图 2.1　光伏效应

2.2　太阳能光伏发电系统的类型及组成

2.2.1　太阳能光伏发电系统的类型

1. 独立光伏发电系统

独立光伏发电又称离网光伏发电，是相较于并网光伏发电系统而言的，其基本运行模式是将系统产生的电力直接供给用电负载使用。蓄电池作为储能装置增加了系统运行的灵活性，且系统借助控制器可以选择不同的电力使用策略。根据用电负载的需求，光伏发电系统产生的电力可以即时使用，并将多余电能储存；也可以直接输入蓄电池中按需使用。

2. 并网光伏发电系统

并网光伏发电系统的运行方式是将光伏发电系统直接与公共电网相连，在适宜的情况下电力被输入公共电网。并网光伏发电系统可以分为带蓄电池的并网光伏发电系统和不带蓄电池的并网光伏发电系统，带蓄电池的并网光伏发电系统具有可调度性，可以根据需要并入或退出电网，还具有备用电源的功能，当电网因故停电时可紧急供电。带蓄电池的并网光伏发电系统常常安装在居民建筑上；不带蓄电池的并网光伏发电系统不具备可调度性和备用电源的功能，一般安装在较大型的系统上。

但是，并网光伏发电系统需要专门的并网逆变器以确保电力的稳定，减少对公共电网的影响。并网光伏发电系统包含两种应用方式：一种是光伏电力经过变压处理后输入公共电网，即上网模式；另一种是经光伏发电系统产生的电流虽然与公共电网相连，但并不上行到公共电网中。两种系统运行模式都依靠配电设备调控。上网模式需要避免在光伏发电系统中处于低输出状态的情况下，不会因电压过低而成为负载；而独立运行模式不仅需要对分配两股电流至负载的阶段进行控制，还要阻断光伏电的上行线路。

3. 分布式光伏发电系统

分布式光伏发电系统是在用户现场或邻近用电现场安装配置较小的光伏发电供电系统，其消纳方式主要以用户侧自发自用为主，剩余电量可接入电网，支持配电网的经济运行。集中式大型并网光伏电站和分布式光伏发电系统是并网系统的两种分布方式。集中式大型并网光伏电站的主要特点是能将所发电直接输送到电网，由电网统一调配向用户供电。这种电站投资大、建设周期长、占地面积大，而分布式光伏发电系统具有投资小、建设快、占地面积小、政策支持力度大等优点。

分布式光伏发电系统的运行模式是利用光伏发电系统的光伏组件阵列将太阳能辐射资源转换成直流电，经直流汇流箱集中送入直流配电柜，再通过逆变器将直流电转换为统一标准的交流电用来给用户建筑供电，多余的或不足的电力需求由电网负责调节。与集中式光伏发电系统相比，分布式光伏发电系统投资成本小，占地面积小，建设周期较快。

2.2.2　太阳能光伏发电系统的组成

太阳能光伏发电系统是通过太阳能电池板将太阳的辐射能量直接转换成电能的发电系统，它一般由太阳能电池组件、控制器、蓄电池、逆变器、直流负载、交流负载等部分组成，具体组成情况如图 2.2 所示。

1. 太阳能电池组件

太阳能电池又称太阳能芯片或光电池，是一种利用太阳光直接发电的光电半导体薄片。它只要被满足一定照度条件的光照到，瞬间就可输出电压及在有回路的情况下产生电流。

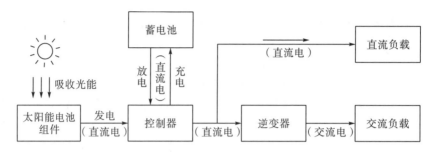

图2.2　太阳能光伏发电系统组成

太阳能电池组件是整个发电系统的核心部分,由光伏组件片、激光切割机或钢线切割机切割开的不同规格的光伏组件组合在一起构成。由于单片光伏电池片的电流和电压都很小,要先串联获得高电压,再并联获得高电流,通过一个二极管(防止电流回输)输出,然后封装在一个不锈钢、铝或其他非金属边框上,安装好上面的玻璃及背面的背板、充入氮气、密封。将光伏组件串联、并联组合起来,就成为光伏组件方阵,又称光伏阵列。

目前常用的光伏电池有单晶硅太阳能电池、多晶硅太阳能电池和薄膜太阳能电池,如图2.3所示。

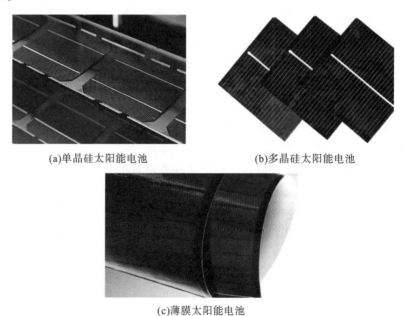

(a)单晶硅太阳能电池　　　　　　　　(b)多晶硅太阳能电池

(c)薄膜太阳能电池

图2.3　典型的太阳能电池

不同材料类型的太阳能电池的光电转换效率不同。描述太阳能电池光电转换效率有两种形式,一是电池光电转换效率,二是组件光电转换效率。电池光电转换效率通常是在标准测试条件(环境温度为25℃,照度1000W/m²,AM1.5标准光谱)下测量,用照射太阳能电池的单位光能所产生的电功率表示。按与电池光电转换效率相同的测试方法可测得光伏组件光电转换效率,不同之处在于组件光电转换效率包括反射损失、玻璃遮挡以及其他一些小的损失。

目前，单晶硅太阳能电池的光电转换效率最高可以达到 24%，但是常见的光电转换效率为 17%左右，即 1000W 入射太阳能可以转化为 170W 电能。多晶硅太阳能电池的光电转换效率多在 14%～16%，稍逊于单晶硅电池。多晶硅太阳能电池的最高光电转换效率纪录是天合光能股份有限公司研发的 Honey Plus 高效多晶硅组件，转换效率可达 19.86%。商业化薄膜太阳能电池组件的光电转换效率低于单晶硅太阳能电池和多晶硅太阳能电池，其光电转换效率在 6%～12%。为加强光伏行业管理，工业和信息化部于 2021 年出台了《光伏制造行业规范条件(2021 年本)》。其中关于光伏电池及光伏组件的光电转换效率及衰减效率要求如表 2.1 所示。

表 2.1　工业和信息化部对光伏组件产品性能要求　　　　　　　　　　(单位: %)

类别		电池		组件					
		多晶硅	单晶硅	多晶硅	单晶硅	硅基薄膜	铜铟镓硒薄膜	碲化镉薄膜	其他薄膜
光电转换效率	现有	≥19	≥22.5	≥17	≥19.6	≥12	≥15	≥14	≥14
	新建和改扩建	≥20.5	≥23	≥18.4	≥20	≥13	≥16	≥15	≥15
衰减率	1 年内	—	—	≤2.5	≤2.5	≤5			
	25 年内	—	—	≤17		≤15			

在所有太阳能电池中，晶体硅太阳能电池已经建立了坚实的技术基础，渐渐成为太阳能电池的主流。在硅系列太阳能电池中，单晶硅太阳能电池的光电转换效率最高、技术最为成熟，应用也最为广泛，在大规模应用和工业生产中仍占据主导地位。多晶硅的出现是为了降低晶体硅太阳能电池的成本。多晶硅片由大量的小单晶硅组成，各单晶晶粒形状不规则，通过晶界连接起来。

非晶硅薄膜电池可直接沉积在玻璃、不锈钢、塑料膜和陶瓷等廉价衬底材料上，工艺简单，单片电池面积大，便于工业化大规模生产。非晶硅在柔性的衬底上制作轻型的太阳能电池，可做成半透明的电池组件，直接用作幕墙和天窗玻璃，从而实现光伏发电和光伏建筑一体化。非晶硅薄膜电池具有吸光系数高、开路电压高、弱光响应好、耐高温、制备工艺和设备简单、能耗少等优点。目前非晶硅太阳能电池存在的问题是光电转换效率偏低且不够稳定，有光电转换效率下降的现象。

硅基薄膜太阳能电池近年来开发出了以碲化镉(CdTe)、二硒化铜铟(CuInSe$_2$)等为代表的新型无机多元化合物薄膜太阳能电池。CdTe 薄膜太阳能电池属于多晶薄膜太阳能电池，由于 CdTe 基电池结构简单，成本相对较低，成为近年来国内外研究的热点。

不同太阳能电池的优缺点对比如表 2.2 所示。

表 2.2　不同太阳能电池优缺点对比

太阳能电池材料	优点	缺点	组件光电转换效率
单晶硅太阳能电池	晶体中缺陷较少、可靠性高，性能比较稳定，光电转换效率高、寿命较长	高加工难度、高制造成本、原材料难获得，不适合低日照水平	13%～18%
多晶硅太阳能电池	制造成本较单晶硅更低，经济性更高	制造成本较高，不适合低日照水平	13%～15%
非晶硅薄膜太阳能电池	成本较低、弱光性能好，适合低日照水平、温度系数低及高温环境	光电转换效率较低，微量元素难以获得	8%～10%

2. 控制器(离网系统使用)

光伏控制器是能自动防止蓄电池过充电和过放电的自动控制设备。采用高速中央处理器(central processing unit，CPU)和高精度模数(analog-digital，A/D)转换器，是一个微机数据采集和监测控制系统，既可快速实时地采集光伏发电系统当前的工作状态，随时获得光伏发电站的工作信息，又可详细积累光伏发电站的历史数据，为评估光伏发电站系统设计的合理性及检验系统部件质量的可靠性提供了准确而充分的依据，还具有串行通信数据传输功能，可将多个光伏发电系统子站进行集中管理和远距离控制。

3. 逆变器

逆变器是一种将光伏发电产生的直流电转换为交流电的装置。光伏逆变器是光伏阵列系统中重要的平衡器件之一，可以配合一般交流供电的设备使用。太阳能逆变器有配合光伏阵列的特殊功能，如最大功率点追踪及孤岛效应保护的机能。

太阳能逆变器可以分为以下三类：

(1)独立逆变器。独立逆变器用在独立系统，光伏阵列为电池充电，逆变器以电池的直流电压为能量来源。许多独立逆变器也整合了电池充电器，可以用交流电源为电池充电。一般这种逆变器不会接触电网，因此也不需要孤岛效应保护机能。

(2)并网逆变器。并网逆变器的输出电压可以回送到商用交流电源，因此输出弦波需要和电源的相位、频率及电压相同。并网逆变器会有安全设计，若未连接到电源，会自动关闭输出。若电网电源跳电，并网逆变器没有备存供电的机能。

(3)备用电池逆变器。备用电池逆变器是一种特殊的逆变器，由电池作为其电源，配合其中的电池充电器为电池充电，若有过多的电力，会回灌到交流电源端。这种逆变器在电网电源跳电时，可以提供交流电源给指定的负载，因此需要有孤岛效应保护机能。

4. 蓄电池(并网系统不需要)

蓄电池是光伏发电系统中储存电的设备，目前采用的有铅酸免维护蓄电池、普通铅酸蓄电池、胶体蓄电池和碱性镍镉蓄电池四种，广泛使用的有铅酸免维护蓄电池和胶体蓄电池。其工作原理为：白天太阳光照射到光伏组件上，产生直流电压，将光能转换为电能，再传送给控制器，经过控制器的过充保护，将光伏组件传来的电输送到蓄电池进行储存，以供需要时使用。

2.3　重庆地区气象资源情况

太阳辐射是影响光伏发电系统运行效果的主要因素，而太阳能资源、太阳高度角、云量、温湿度等因素则会间接影响太阳辐射的获取和光伏发电系统的发电效率，从而影响光伏发电系统的运行。因此，本节结合重庆地区典型年气象和气象站实测数据，对重庆地区气象资源情况进行分析。

1. 温湿度情况

重庆地区近年来实测数据显示气温高于典型年数据,图 2.4 为重庆市实测年逐月温度变化图,冬季平均温度为 5.5℃,夏季平均温度为 31.7℃。冬季阴冷潮湿,室内需要更多的太阳辐射;而夏季闷热,室内对遮阳的要求则较为强烈。

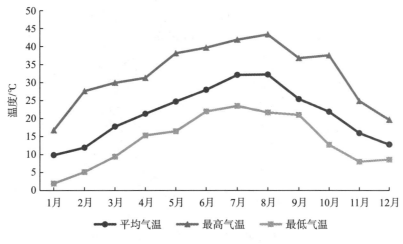

图 2.4　重庆市实测年逐月温度变化图

2. 太阳能资源

重庆地区是太阳能Ⅳ类资源区,年太阳辐照量为 3400~4180MJ/m²。重庆地区太阳辐照量全年波动较大,2018 年最大值为 645MJ/m²,最小值仅为 85.9MJ/m²。

将辐射站测得的数据与典型年进行对比,结果如图 2.5 所示。实测年的太阳辐照量为 3717.59MJ/m²,大于典型年的 3058.5MJ/m²,两者变化趋势基本一致,除 9 月、10 月,实测年逐月太阳辐照量均大于典型年。通过继续对比,太阳能辐射站 2016 年和 2017 年两年的太阳辐照量实测数据均在 3600MJ/m² 左右。

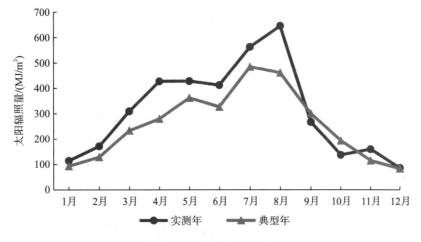

图 2.5　实测年与典型年太阳逐月辐照量对比

太阳能资源四季分布不均匀，实测年的不同季节太阳辐照量所占比例如图 2.6 所示。春季、夏季的太阳能资源充足，太阳辐照量分别为 1163.09MJ/m² 和 1619.35MJ/m²，分别占全年的 31% 和 44%。秋季、冬季的太阳能资源较为缺乏，分别为 563.67MJ/m² 和 371.48MJ/m²，两季合占全年的 25%。四个季节日平均太阳辐照量分别为 12.64MJ/m²、17.60MJ/m²、6.19MJ/m²、4.13MJ/m²。

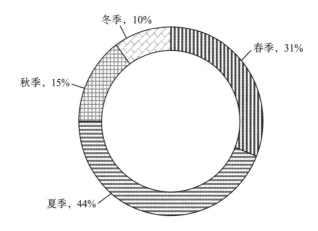

图 2.6　实测年不同季节太阳辐照量所占比例 (2018 年)

如图 2.7 所示，从朝向来看，东西向垂直面太阳辐照量较大，尤其夏季受太阳直射影响；南向其次，北向太阳辐照量最低。

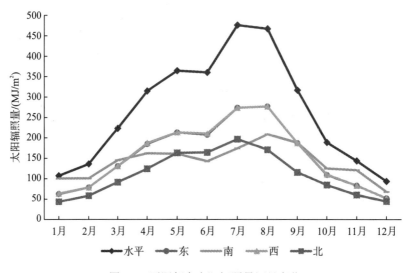

图 2.7　不同朝向太阳辐照量逐月变化

3. 太阳高度角

重庆夏至正午时刻太阳高度角为 83°57′，冬至正午时刻太阳高度角为 37°03′。冬季正午时刻太阳高度角范围为 37°～50°，夏季正午时刻太阳高度角范围为 65°～83°，太阳能最佳利用角度有季节性差异。

4. 云量

重庆地区云量较大，冬季云量最多，约为 85%，其次为春季和秋季，最少的是夏季，约为 69%。冬季太阳能资源本就缺乏，云量较大使得直射辐射比例降低，更不利于太阳能资源的利用。2018 年重庆地区实测数据显示，春季和夏季直射辐射比例较高，分别达到 30.49% 和 42.12%，日照时数也分别达到 4.44h 和 5.96h；而秋季和冬季直射辐射比例显著下降，分别仅为 15.50% 和 13.49%，日照时数分别为 1.61h 和 1.08h。

不同天气状况会对太阳辐照量、直射辐射占比、日照时数等产生影响，进而影响光伏组件的发电效率、室内房间采光需求以及室内热环境。《可再生能源建筑应用工程评价标准》(GB/T 50801—2013) 对典型天气下室外太阳辐照量进行了定义，并对重庆地区各季节天气情况进行了划分，如表 2.3 和表 2.4 所示。

表 2.3　天气情况划分依据

天气划分	阴雨	阴间多云	晴间多云	晴朗
太阳辐照量 H	$H < 8\text{MJ}/(\text{m}^2 \cdot \text{d})$	$8\text{MJ}/(\text{m}^2 \cdot \text{d}) \leq H < 12\text{MJ}/(\text{m}^2 \cdot \text{d})$	$12\text{MJ}/(\text{m}^2 \cdot \text{d}) \leq H < 16\text{MJ}/(\text{m}^2 \cdot \text{d})$	$H \geq 16\text{MJ}/(\text{m}^2 \cdot \text{d})$

表 2.4　四种典型天气辐照量与发电量折合天数　　　　（单位：天）

季节	阴雨	阴间多云	晴间多云	晴朗
冬季	80	9	1	0
春季	32	14	14	32
夏季	13	11	8	60
秋季	67	10	5	9

从表 2.3 和表 2.4 可以看出，重庆地区秋季、冬季主要为阴雨及阴间多云天气，太阳辐照量大于等于 12MJ/m² 且小于 16MJ/m² 的只有 6 天。而在夏季晴朗和晴间多云天气的天数占整个季节的 74%。春季的典型天气分布较为均匀，一半时间处于阴雨及阴间多云天气，另一半时间则处于晴朗及晴间多云天气。

2.4　太阳能光伏发电系统的技术特点

1. 光伏发电技术原理和结构简单，建设周期较短，运行维护简单，可开发地区广

光伏发电是一种静态发电模式，没有机械旋转部件，不存在机械磨损，无噪声。光伏电站采用模块化设计，系统扩展性强，容量可灵活调节，规模从数瓦到数兆瓦，安装简单方便。光伏电站选址较传统电站容易，初始投资小，建设周期短。大型光伏电站的建设时间一般不超过半年。光伏电站系统主要由光伏组件和逆变器组成，运行无须消耗燃料，电站运行维护简单，基本可实现无人值守，成本较低。光伏发电系统在运行中不消耗水，不

受水资源等条件约束，受地形影响较小，可在无水的荒漠地区开发建设，可开发地区广。

2. 应用形式多样，适用范围广

经过多年的发展，光伏发电已经成为技术成熟、运行可靠的可再生能源发电技术，并已经从独立发电系统朝大规模并网电站方向发展。目前光伏发电系统的应用形式主要有三种，即大型并网电站、分布式建筑光伏电站以及离网光伏电站。大型并网电站主要建设在日照条件优越、大片平坦开阔的土地上，其度电成本相对较低，但需要考虑电力的远距离输送及无功功率补偿问题；分布式建筑光伏电站主要依托建筑物建设，接入配电网实现就地消纳；离网光伏电站主要用于解决偏远地区的电力供应问题，通常需要配置储能装置。

3. 发电出力具有间歇性和不稳定性

太阳能发电与太阳辐照度成正比，光伏发电系统输出直接受太阳辐照度的影响，发电出力具有间歇性和波动性的特点，多云和阴雨天尤为明显。大规模光伏发电系统并入电网，通常需要额外配备无功补偿设备，这势必会增加光伏电站成本。

第3章 分布式光伏发电系统的应用与测试

为了解重庆地区光伏发电系统发电效果,获取运行数据,分析影响发电效果的影响因素,研究组于 2016 年开始,搭建了小型离网太阳能光伏发电系统实验台,开展了针对重庆地区光伏发电系统发电效果的周期性实验测试。

3.1 分布式光伏发电系统研究平台简介

3.1.1 太阳能光伏发电系统

实验台设计搭建一个 1kW 的小型离网太阳能光伏发电系统。光伏组件每日所发直流电由蓄电池储存,灯带消耗储存电量,保证每日组件所发电量都能被消耗或储存,系统充放电控制均由最大功率点跟踪(maximum power point tracking,MPPT)太阳能控制器完成。

1. 光伏组件选用及安装

多晶硅太阳能电池既有与单晶硅太阳能电池相媲美的高光电转换效率,又有非晶硅薄膜太阳能电池的材料制备工艺相对简化的优点,也没有明显的效率衰退问题,是较好的高效率、低能耗的太阳能电池。

此次实验选用了多晶硅组件,其最大功率为 255W,组件光电转换效率为 17.46%,最大功率点工作电压为 30.62V,最大功率点工作电流为 8.33A,组件外观尺寸为 1640mm×990mm×40mm,具体参数如表 3.1 所示。实验选用 4 块 255W 的组件并联,总功率为 1020W,安装面积约 6.5m^2。

表 3.1 255W 多晶硅组件参数

参数名称		参数值
材料及机械参数	电池片规格	156mm×156mm
	电池片数量	60
	组件外观尺寸	1640mm×990mm×40mm
	玻璃类型	3.2mm 钢化玻璃
	封装形式	EVA 胶膜
	背板材料	多层复合材料
工作参数	最大系统电压	1000V
	工作温度	−45~80℃
	最大保险丝额定电流	10A
电性参数(标准测试条件下)	最大功率	255W
	组件光电转换效率	17.46%

续表

参数名称		参数值
电性参数(标准测试条件下)	开路电压	37.88V
	最大功率点工作电压	30.62V
	短路电流	8.81A
	最大功率点工作电流	8.33A
性能质保	10 年功率衰减	<90%
	20 年功率衰减	<80%

注：EVA 指乙烯-乙酸乙酯共聚物(ethylene-vinyl acetate)。

光伏发电系统的选址为重庆大学第三教学楼楼顶，楼顶为平屋顶，方便组件安装。重庆位于北半球，安装方位选取正南方向，组件安装支架的倾角一致且可调，便于实验的开展。

2. 蓄电池容量计算

此次实验是为测试每日光伏组件的发电量，蓄电池必须满足每日发电量的充入，选择的蓄电池容量与常规离网光伏发电系统设计有所不同。一般蓄电池容量的计算公式如下：

$$B_c = \frac{Q \times D \times \eta_1}{C_c \times \eta_2} \tag{3.1}$$

式中，B_c——蓄电池容量，Ah；

Q——负载平均日用电量，Ah；

D——最长连续阴雨天数，天；

η_1——放电修正系数，0.8～0.95；

η_2——温度修正系数，一般 0℃可取 0.9～0.95；

C_c——蓄电池放电深度，取 0.6。

此处用日发电量来替代日用电量，最长连续阴雨天数取 1。光伏发电系统的日均发电量可以由组件安装面积和辐照量估算求得，计算公式如下：

$$E_p = HA \times S \times K_1 \times K_2 \tag{3.2}$$

式中，E_p——光伏发电系统日均发电量，kWh；

HA——倾斜面太阳总辐照量，kWh/m²；

S——组件面积总和，m²；

K_1——组件光电转换效率；

K_2——系统综合效率，取 75%～85%。

倾斜面太阳年总辐照量按参考文献计算值 3061MJ/m² 取值，折算后日均辐照量 2.33kWh。组件光电转换效率为 17.46%，组件电池面积为 5.84m²，系统综合效率按 85% 取值，计算出日发电量为 2.02kWh。按式(3.1)计算出蓄电池的容量需要 140Ah。目前应用广泛的太阳能蓄电池主要有铅酸免维护蓄电池和胶体蓄电池，这两种蓄电池因免维护和对环境污染少的特点，适用于性能可靠的太阳能光伏发电系统。胶体蓄电池相对于阀控密封铅酸蓄电池，使用性能更稳定、维护更简单、寿命更长、经济性更好。因此，这里选用 2 块 12V 的 150Ah 胶体蓄电池串联。

3. 最大功率点跟踪太阳能控制器选择

最大功率点跟踪控制器内有最大功率追踪算法,能准确追踪到 $I\text{-}V$ 曲线的最佳工作点,有效提高光伏发电系统的能量利用效率,充电效率较传统脉冲宽度调制高 15%～20%。控制器还具有极性反接、过充、过放、短路、超温等自动保护功能。

控制器的主要技术指标有系统工作电压、额定输入电流和输入路数、控制器的额定负载电流。光伏组件与控制器相连,每路组件输入功率不超过最大功率点跟踪控制器的额定功率。实验中光伏组件并联后工作电压为 30.62V,峰值电流为 33.32A,输出路数为 1 路。选用某厂家 MPPT-4845 控制器,具体参数如表 3.2 所示。

表 3.2　MPPT-4845 控制器主要参数

参数名称	参数值
系统工作电压	12V/24V/36V/48V,自动
最大输入电压	150V
额定输入电流	45A
光伏发电系统最大输入功率	1200W/(24V)
最大功率点跟踪效率	>99%
工作温度	−35～45℃
防护等级	IP32
质量	4.2kg
产品尺寸	286.7mm×170mm×128mm

4. 耗电设备选择

光伏发电系统的系统电压为 24V(直流),控制器能输出的最大电流为 8A,因此选择额定电压为 24V、功率为 48W 的发光二极管(LED)灯带 4 条。4 条灯带 12 小时持续放电,所消耗的电量为 2.3kWh,可以消耗每日所发电量。控制器控制灯带与电源的接通和关闭,灯带开启模式可根据不同季节发电量进行变换,对亮灯时长进行调整。

5. 系统连接控制说明

4 块多晶硅太阳能电池组件并联后接到控制器组件端口,2 块蓄电池串联后接到蓄电池端口,LED 灯带接到负载端口。白天光伏组件通过最大功率点跟踪控制器对蓄电池进行充电,夜间蓄电池通过最大功率点跟踪控制器放电,对灯带供电,消耗电能。通过对蓄电池电压值的设定来控制对灯带供电的开始和结束,控制蓄电池的放电深度,以保证光伏组件每日都对蓄电池持续充电。

光伏实验台的搭建分为室外支架安装和室内电气连接两部分。

1) 室外支架安装

为满足实验需求，光伏组件支架的角度可以调节，不同于普通固定角度的安装。防止支架水平方向的移动，固定其朝向，对光伏支架底部用水泥基础进行了固定。施工过程如图 3.1 所示，光伏实验台室外部分如图 3.2 所示。

图 3.1　光伏支架组装及基础安装

图 3.2　光伏实验台室外部分

2) 室内电气连接

因为最大功率点跟踪控制器、断路器等电气部分，无纸记录仪及电流、电压传感器等数据采集部分有防水要求，所以将这部分放在室内的楼顶。室内部分的电气连接过程如图 3.3～图 3.6 所示，光伏实验台室内部分如图 3.7 所示。

图 3.3　安装断路器

图 3.4　连接无纸记录仪信号线

图 3.5　蓄电池连接形式

图 3.6　灯带安装形式

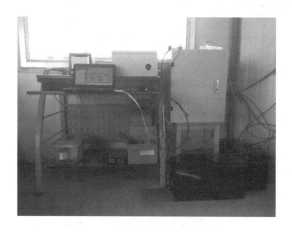

图 3.7　光伏实验台室内部分

3.1.2 气象参数监测系统

气象数据记录的有温度、湿度、风速、风向、降水量等，平行于光伏组件、水平方向分别设置了太阳总辐射表。各传感器外观如图 3.8～图 3.11 所示，记录模拟量如表 3.3 所示。温度、湿度等采用 HOBO 传感器采集传输，数据采集时间间隔为 1s，导出时间间隔为 5min。太阳辐射采用锦州阳光气象科技有限公司生产的 TBQ-2 标准总辐射表采集，数据采集时间间隔为 1s，导出时间间隔为 10min。实验测试期间，为防止灰尘对辐射表测量的影响，定期用酒精对辐射表进行擦拭清洁。

图 3.8 降水量传感器

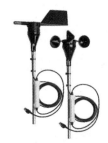

图 3.9 风速、风向传感器

图 3.10 温度、湿度传感器

图 3.11 太阳总辐射表

表 3.3 数据采集器采集记录的模拟量

通道	名称	量程	单位
1	倾斜面总太阳辐照量	0～2000	W/m^2
2	水平面太阳总辐照量	0～2000	W/m^2
3	降水量	0～12.7	cm
4	温度	−40～100	℃
5	湿度	0～100	%
6	风速	0～76	m/s
7	风向	0～355	(°)

气象站全景如图 3.12 所示。

图 3.12　气象站全景图

光伏发电系统各部分的连接及数据采集示意图如图 3.13 所示。

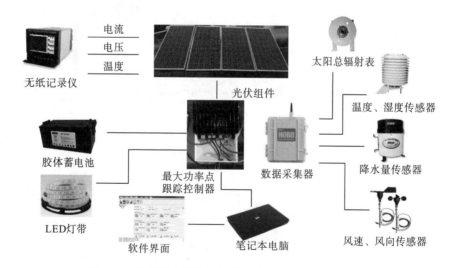

图 3.13　光伏发电系统各部分的连接及数据采集示意图

3.1.3　数据采集系统

数据采集共分三部分：①由无纸记录仪采集和记录的每块光伏组件的电流、电压、背板表面温度；②最大功率点跟踪控制器数据采集软件采集的整个光伏发电系统的每日累计发电量、发电功率、充电电流、电池电压等参数；③倾斜面太阳辐射值及气象参数由气象站采集并记录。

1. 单个组件监测系统

单个光伏组件电流、电压、背板表面温度数据采集采用的变送器与传感器分别是：0～40V 电压传感器、0～10A 电流传感器、PT100 贴片式铂电阻。电流、电压变送器和温度传感器将信号传送至无纸记录仪，由无纸记录仪读取和记录数据。无纸记录仪数据采集时间间隔为 1s，导出时间间隔为 1min。各组件外观如图 3.14～图 3.17 所示，无纸记录仪能采集并记录的模拟量如表 3.4 所示。

图 3.14　电流变送器

图 3.15　电压变送器

图 3.16　PT100 贴片式铂电阻

图 3.17　无纸记录仪

表 3.4　无纸记录仪采集记录的模拟量

通道	名称	量程	单位
1	组件 1 输出电压	0～40	V
2	组件 1 输出电流	0～10	A
3	组件 1 背板表面温度	−50～150	℃
4	组件 2 输出电压	0～40	V
5	组件 2 输出电流	0～10	A
6	组件 2 背板表面温度	−50～150	℃
7	组件 3 输出电压	0～40	V
8	组件 3 输出电流	0～10	A
9	组件 3 背板表面温度	−50～150	℃
10	组件 4 输出电压	0～40	V
11	组件 4 输出电流	0～10	A
12	组件 4 背板表面温度	−50～150	℃

2. 系统整体监测系统

最大功率点跟踪控制器本身有采集并记录光伏发电系统发电功率、充电电流、电池电压、每日累计发电量等参数的功能。使用专用线缆连接控制器通信接口(RJ45 接口)与笔记本电脑 USB 接口，通过控制器配套的软件，可实时监测系统运行情况并导出历史数据。

图 3.18 为监控软件 Solar Station Monitor 的界面，实时监控系统分为四大部分，分别是组件(Array Information)、蓄电池(Battery Information)、直流用电设备(DC Load Information)、控制器(Controller Information)。监控参数包括组件工作电压、电流、功率及工作状态，蓄电池充电电压、电流、温度、放电深度、充放电状态，直流用电设备电压、电流、功率及用电状态，控制器温度、工作状态。

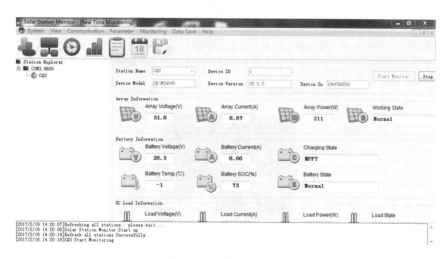

图 3.18　监控软件界面

除了实时监控系统参数，还可以从 Monitoring 项目中选取 History Monitoring 导出 Excel 格式的历史记录参数。

3.1.4　实验实施方案

1. 实验方案

1) 每日测试

对光伏发电系统进行了每日常规数据测试,测试的主要参数有前文监测系统所描述的每块光伏组件的电流、电压、背板温度。这三个参数由无纸记录仪进行自动记录并储存，数据记录时间间隔为 1min，24 小时都进行数据采集，记录仪内部数据可以储存约 3 个月。实验中导出数据周期约为 10 日，每 10 日的 20:00 后对数据进行导出。

气象站所记录的太阳辐照量、温度、湿度、降水量、风速及风向参数也由数据采集器自动记录和储存,数据记录时间间隔为 5min；太阳总辐射表的数据记录时间间隔为 10min,也有每日的累积数据。数据导出周期与无纸记录仪相同。

最大功率点跟踪控制器也有自动记录并储存功能，逐日参数设置保存时间间隔为 5min。将最大功率点跟踪控制器与笔记本电脑连接，可导出保存的历史数据，导出时间间隔同上。

2) 通风实验

除每日正常运行测试记录的数据,需要增加的数据是风速仪测试的通风风速。测试使用的是德图 TESTO425 热敏风速仪,分辨率为 0.01m/s,测量速率为 2 次/s,工作温度范围为 20~50℃。

3) 光伏组件清洗

主要通过组件的清洗来对比积灰光伏组件和清洁光伏组件在气象条件(太阳辐射、温度等)相似情况下的发电功率及发电量。

光伏组件的清洗工作安排在 18:00 以后,待光伏组件发电功率为零后进行清洗,目的是不影响当日的数据采集。具体时间为无纸记录仪上电流参数显示为零后,即可进行清洗。组件表面清洗方法为采用柔软的纤维布进行人工擦拭,如图 3.19 所示。

图 3.19　光伏组件清洗

第一次清洗安排在 6 月,运行约 3 个月之后,第二次清洗时间为次年 1 月,再次运行约半年之后再清洗。两次清洗安排在不同的季节,可以分别分析夏季和冬季的清洗效果。组件清洗实验没有增加测试的仪器,测试记录的参数与每日测试记录的相同。

2. 测试数据处理

通过以上实验方案及测量方法获得的数据,主要通过以下几个方面进行处理。

1) 组件功率

组件功率是指在一定辐照度下组件的发电输出功率,不同于组件的标称功率。在实验测试中,共有 8 个通道分别记录每个组件的电流和电压值,记录时间间隔为 1min。单个组件的电压与电流的乘积即单个组件的瞬时输出功率:

$$P = U \cdot I \tag{3.3}$$

式中,P——组件输出功率,W;

　　U——组件电压,V;

　　I——组件电流,A。

2) 组件背板温度

《可再生能源建筑应用示范项目数据监测系统技术导则》(试行)要求在太阳光伏发电系统中设计一个组件表面温度传感器,在本实验测试中为提高测试的准确度,对四个组件分别设置了 PT100 温度传感器。共 4 个通道分别记录 1～4 组件的背板温度,组件背板平均温度为四个测温点温度的平均值:

$$T = \frac{T_1 + T_2 + T_3 + T_4}{4} \tag{3.4}$$

式中,T——组件背板平均温度,℃;
　　　$T_1 \sim T_4$——测点 1～4 温度,℃。

3) 光伏发电系统综合效率

系统综合效率(performance ratio)又称 PR 值,是衡量光伏发电系统性能的重要指标。PR 值与光伏发电系统装机容量、项目所在地太阳辐射资源、光伏阵列倾角和朝向等条件无关,受组件的失配、线路连接、遮蔽、温度、平衡系统(逆变器、控制设备等)等因素的影响。

系统综合效率 PR_T 为光伏发电系统输给电网(或负载)的电能与阵列接收的太阳辐照量之比,计算公式为

$$\mathrm{PR}_T = \frac{E_T}{P_e \cdot h_T} \tag{3.5}$$

式中,E_T——测试时间间隔(Δt)内的理论发电量,kWh;
　　　P_e——光伏电站标准测试条件下组件容量标称值,kW;
　　　h_T——测试时间间隔(Δt)内阵列面上对应标准测试条件下的实际有效发电时间,h。
本实验台为离网光伏发电系统,故忽略了光伏并网逆变器的损失。

4) 组件光电转换效率

光伏组件光电转换效率是指在标准测试条件下,组件的输出功率和组件有效面积之比。在实际测试中,组件实际光电转换效率计算公式为

$$\eta_d = \frac{P_{\max}}{G \cdot S_a} \tag{3.6}$$

式中,η_d——组件实际光电转换效率;
　　　$P_{\max}$——组件在给定测试条件下的最大功率,W;
　　　G——$P_{\max}$ 对应测试条件下的太阳辐照度,W/m^2;
　　　S_a——组件有效面积,m^2。

5) 通风风速

组件下方通风断面的平均风速按式(3.7)计算:

$$V = \frac{V_1 + V_2 + \cdots + V_N}{N} \tag{3.7}$$

式中，$V_1+V_2+\cdots+V_N$——各点风速之和，m/s；

N——测点总数，个。

3.2　典型日天气运行效果分析

3.2.1　典型日天气分类定义

不同天气状况会对太阳辐照量产生影响，从而影响组件的发电功率。根据《可再生能源建筑应用工程评价标准》(GB/T 50801—2013)对不同天气状况对应的太阳辐照量大小的定义，对每日天气情况进行划分。阴雨天气的太阳辐照量 $H<8MJ/(m^2\cdot d)$，阴间多云时的太阳辐照量为 $8MJ/(m^2\cdot d)\leq H<12MJ/(m^2\cdot d)$，晴间多云时的太阳辐照量为 $12MJ/(m^2\cdot d)\leq H<16MJ/(m^2\cdot d)$，晴朗时的太阳辐照量 $H\geq16MJ/(m^2\cdot d)$。

选取实验测试 2016 年 4 月中天气连续变化的 4 天，对其进行运行效果分析。逐日太阳辐射情况、发电量等情况如表 3.5 所示。

表 3.5　四种典型天气辐照量与发电量

日期	水平面辐照量/(MJ/m²)	10°倾斜面辐照量/(MJ/m²)	天气情况	环境温度/℃	发电量/kWh
4 月 3 日	13.89	10.45	晴间多云	23.1	1.81
4 月 4 日	19.62	15.46	晴朗	24.9	2.15
4 月 5 日	8.12	5.85	阴间多云	22.6	1.33
4 月 6 日	2.87	2.16	阴雨	18.3	0.59

从表 3.5 中可以看出，在环境温度(本书中环境温度指发电期间日平均环境温度)相近的情况下，10°倾斜面辐照量越大，系统发电量越多；不同辐照量情况下，光伏发电系统的发电量差别较大。晴朗天气系统发电量达到了 2.15kWh，而阴雨天发电量仅为 0.59kWh，阴雨天发电量是晴天的 27.4%。

4 月 3~5 日的环境温度相近，结合 10°倾斜面辐照量与发电量，将晴间多云、晴朗与阴间多云天气相比较。晴间多云、晴朗天气时的辐照量约为阴间多云天气情况下的 1.8 倍和 2.6 倍，但发电量仅为阴间多云天的 1.4 倍和 1.6 倍。可见在环境温度相近时，光伏发电系统发电量随太阳辐照度的变化而变化，总体随太阳辐照度增大而增大，但发电量的增幅并不与辐照量的增加成正比。

3.2.2　不同太阳辐照度下的光伏发电效率

图 3.20 是四种典型天气下，光伏发电系统发电功率与 10°倾斜面太阳辐照度的逐时变化趋势图。从图中可以看出，随着太阳辐照度的改变，光伏发电系统的发电功率差别很大，基本呈太阳辐照度越大，发电功率越大的规律。

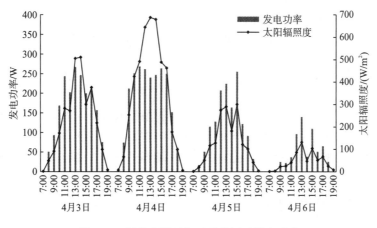

图 3.20 四种典型天气下系统逐时发电功率

阴间多云和阴雨的天气情况下，发电功率与太阳辐照度最大值出现时间点基本相同。但从晴间多云和晴朗天气时的关系变化曲线可以看出，在太阳辐照度达到最大值时，其发电功率并不是当天的最大值，甚至此时发电功率明显低于其他太阳辐照度更小的时刻。

将晴朗天气与阴间多云两天的数据具体进行对比，图 3.21 为晴朗与阴间多云两种天气下发电功率与太阳辐照度、环境温度的关系。

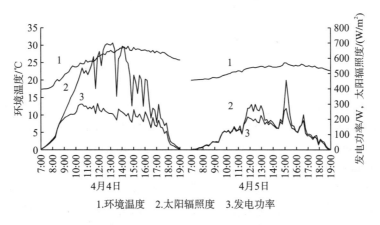

1.环境温度 2.太阳辐照度 3.发电功率

图 3.21 不同天气状况下发电功率与太阳辐照度、环境温度的关系

阴间多云天的太阳辐照度在 15:10 达到最大值 455.8W/m^2，此时发电功率达到最大，为 272.0W。晴朗天气，太阳辐照度在 13:10 达到最大值 701.4W/m^2，发电功率仅为 235.4W，这个数值比当日最大发电功率 303.7W 小 68.3W。两日的具体数值验证了前文图表分析的结果。从图 3.21 可以看出，阴间多云天的发电功率与太阳辐照度的变化趋势有很好的一致性，而晴朗天气在 11:00～15:00 时段发电功率并没有随太阳辐照度的明显增大有大幅的提高，而是处于一个相对平稳的值。

阴间多云天气的太阳辐照度全天都处于较低水平且环境温度较为平稳，晴朗天气的太阳辐照度变化剧烈，环境温度也有所上升。结合太阳辐照度与环境温度变化的分析可以初步判定晴朗天气出现这种现象的原因在于太阳辐照度与环境温度会影响组件温度,组件温度的升高将导致其光电转换效率的降低,从而导致发电功率降低。

3.2.3 不同环境温度下的光伏发电效率

根据上述测试中的发现,选取测试期间天气类型相同、最大太阳辐照度相近、环境温度不同的两日进行对比,即将 2016 年 4 月 4 日与 2016 年 7 月 2 日进行对比,10° 倾斜面太阳辐照度分别为 15.46MJ/m^2、15.65MJ/m^2,环境温度分别为 24.9℃、31.7℃,发电量分别为 2.15kWh、1.77kWh。

图 3.22 为两日的环境温度、太阳辐照度和发电功率的变化曲线。

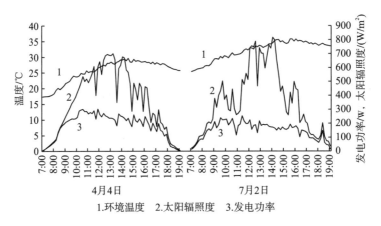

图 3.22　发电功率与环境温度和太阳辐照度的关系

由图 3.22 可以看出,虽然 4 月 4 日太阳辐照度峰值不及 7 月 2 日,但由于其环境温度更低,4 月 4 日发电功率整体优于 7 月 2 日。对比两日 13:10 时的数据,4 月 4 日在太阳辐照度 701W/m^2、环境温度 28℃时,发电功率为 235.1W,7 月 2 日在太阳辐照度 702.4W/m^2、环境温度 33℃时,发电功率为 193.2W。对比可知,在太阳辐照度非常相近的情况下,环境温度升高 5℃,发电功率下降了 17.8%。

由 2.2.1 节分析可知环境温度和太阳辐射共同影响组件温度,组件温度会对组件光电转换效率产生影响。为了量化影响,本书对影响组件温度的环境温度和太阳辐射进行定量分析。选取 7 月天气状况为晴间多云的 5 日,对测试数据进行处理,图 3.23 表示的是 5 日数据的平均值。

由于环境温度变化幅度相对较小,先分析组件温度受太阳辐照度的影响。处理 5 日平均数据可以得到太阳能电池组件温度随倾斜面太阳辐照度的变化率:

$$\frac{\partial t_{pv}}{\partial I} = 0.075 - 8 \times 10^{-5} I \qquad (3.8)$$

式中,$\partial t_{pv} / \partial I$——组件温度随倾斜面太阳辐照度变化率,℃·m^2/W;

t_{pv}——太阳能电池组件背板温度,℃;

I——倾斜面太阳辐照度,W/m^2。

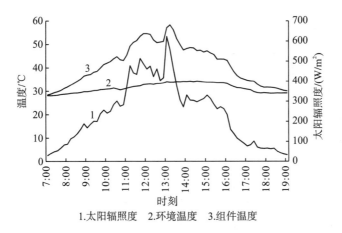

1.太阳辐照度　2.环境温度　3.组件温度

图 3.23　组件温度与环境温度和太阳辐照度的关系

　　在夜间太阳辐照度为零，故组件受太阳辐射影响为零。硅太阳能电池本身有长波辐射制冷的作用，夜间太阳能电池的温度总是略低于环境温度，且该温差变化不大，可以视为常数。因此，夜间组件温度仅受环境温度影响，且可以线性表示。测试中，夜间组件温度比环境温度约低 1.2℃，由此得出组件温度与环境温度和太阳辐照度的关系式：

$$t_{pv} = t_a - 1.2 + 0.075I - 4 \times 10^{-5} I^2 \tag{3.9}$$

式中，t_a——环境温度，℃。

　　同一组件温度、不同辐照度下组件的光电转换效率相差不大。将组件光电转换效率与组件温度进行处理，得到光电转换效率与组件温度的关系式：

$$\eta_s = -0.0022(t_{pv} - 25) + 0.124 \tag{3.10}$$

　　联立式 (3.9) 和式 (3.10)，可以计算出受环境温度、太阳辐射、组件温度因素作用下的逐时组件发电功率。为验证公式的准确性，输入天气情况同样为晴间多云的 7 月 18 日（非数据选取的 5 日）的环境温度和太阳辐照度，将公式计算出的组件发电功率与实际发电功率作图进行对比。从图 3.24 中可以看出，关系式分析结果与实际测试情况相近。

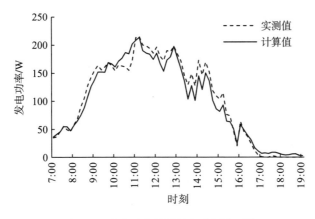

图 3.24　发电功率计算值与实测值对比

　　根据式 (3.10) 计算，当组件温度为 40℃时，组件光电转换效率约为 9.1%；当组件温度为 50℃时，组件光电转换效率降至 6.9%，降低了 2.2 个百分点；当组件温度升至 60℃时，组件光电转换效率为 4.7%，已经很低。因此，组件长时间处于强辐射和高温环境下，组件光电转换效率将受到严重影响，从而导致发电功率降低。

3.3 季节运行效果分析

由前文分析可知，太阳辐照量增大，发电功率增大，日发电量也会随之增多。但由于环境温度和太阳辐照量的影响，组件温度升高，光电转换效率下降，发电量又随之降低。太阳辐照量、环境温度二者与发电量之间存在着相互制约的关系。

夏季既是重庆地区太阳资源最好的季节，同时环境温度相对于其他季节也是最高的，而其他季节太阳辐射资源稍差，但环境温度也较夏季要低。因此，需要对不同季节的发电量和发电效率进行分析。

实测年的不同季节太阳辐照量所占比例如图 3.25 所示。夏季太阳辐照量为 1626.2MJ/m^2，占全年太阳辐照量的 44%。春季太阳辐照量为 1033.9MJ/m^2，占全年太阳辐照量的 28%。秋季太阳辐照量为 634.2MJ/m^2，冬季为 403.4MJ/m^2，这两个季节总和占 28%。

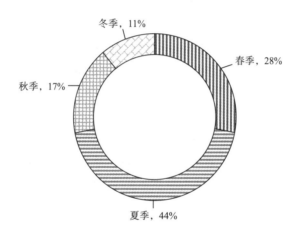

图 3.25 实测年不同季节太阳辐照量比例(2016 年 3 月至 2017 年 2 月)

由于月份较多，选取每个季节中的一个月份进行分析。

3.3.1 春季运行效果分析

选取春季中的 3 月进行应用效果分析，首先对该月的天气情况进行统计。3 月的天气组成如表 3.6 所示。阴雨天气占到了一半左右，其余几个类型的天气天数基本相同。

表 3.6 春季 3 月天气组成

天气状况	阴雨	阴间多云	晴间多云	晴朗
天数	14	5	6	6

3 月的月总发电量为 39.01kWh。图 3.26 为 3 月的逐日发电量及 PR 值，从图中可以看出日发电量变化明显，PR 值在发电量较少的天数处于一个较高的位置，当发电量增加时，PR 值有明显下降。例如，3 月 7 日发电量为 1.63kWh，明显高于前一天 3 月 6 日的 0.44kWh 和后一天 3 月 8 日的 0.16kWh；但 3 月 7 日的 PR 值为 55.5%，明显低于前一天的 92.5% 和后一天的 88.4%，处于谷值。

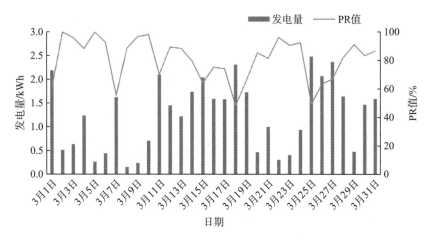

图 3.26　春季 3 月逐日发电量及 PR 值

将 3 月逐日发电量与太阳辐照量进行拟合，如图 3.27 所示。趋势线为一个二次多项式，$y=-0.0077x^2+0.268x+0.053$，$R^2$ 为 0.9809，拟合相关程度较高。由此可知春季 3 月天气情况下逐日发电量与太阳辐照量相关性较强。

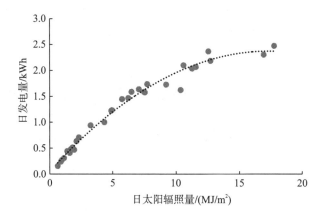

图 3.27　春季 3 月逐日发电量与太阳辐照量拟合关系

3.3.2　夏季运行效果分析

夏季选取 8 月份进行分析，8 月的天气组成如表 3.7 所示。晴朗、晴间多云天气占绝大多数，阴间多云天数为 0，阴雨天数不到 2 成，说明 8 月的太阳辐射资源较好。

表 3.7 夏季 8 月天气组成

天气状况	阴雨	阴间多云	晴间多云	晴朗
天数	5	0	2	24

8 月的月总发电量为 48.77kWh。图 3.28 为 8 月的逐日发电量及 PR 值，从图 3.28 可以看出，8 月 1～25 日的发电量变化不明显，日均发电量为 1.74kWh，PR 值处于比较平稳的位置，在 40%左右。8 月 26～31 日的发电量有较大变化，当发电量降低时，PR 值显著升高。

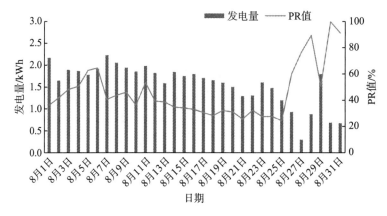

图 3.28 夏季 8 月逐日发电量及 PR 值

8 月 27 日发电量为 0.30kWh，明显低于前一天 8 月 26 日的 0.93kWh 和后一天 8 月 28 日的 0.89kWh。8 月 27 日的 PR 值为 76.5%，明显高于前一天的 59.9%，但其低于后一天的 88.4%。从这个现象可以推测是由于 8 月 27 日的阴雨天气使环境温度降低，导致 8 月 28 日的发电效率高，PR 值升高。

8 月逐日发电量与太阳辐照量的拟合关系如图 3.29 所示。阴雨天的 5 个点集中在太阳辐照量、发电量都较低的左下角，而其余的晴朗、晴间多云天的点集中在太阳辐照量、发电量都较高的右上角。夏季 8 月天气情况下逐日发电量与太阳辐照量没有明显的拟合关系。并且太阳辐照量越大，数据点离散得越明显，由此可以推测辐射对 PR 值影响很大。

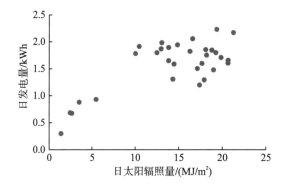

图 3.29 夏季 8 月逐日发电量与太阳辐照量拟合关系

3.3.3　秋季运行效果分析

秋季选取 10 月份进行分析，10 月的天气组成如表 3.8 所示。阴雨天气占绝大多数，阴间多云天数为 0，晴间多云和晴朗总天数约为 3 成，由此说明 10 月的太阳辐射资源明显差于 3 月和 8 月。

表 3.8　秋季 10 月天气组成

天气状况	阴雨	阴间多云	晴间多云	晴朗
天数	22	0	5	4

10 月的月总发电量为 27.14kWh，明显低于春季和夏季。图 3.30 为 10 月的逐日发电量及 PR 值，从图 3.30 可以看出，整月的发电量有两个明显的峰值和谷值。10 月 1~6 日的发电量约为 1.80kWh，PR 值在 40%左右。10 月 7 日发电量突降至 0.37kWh，10 月 7~17 日的发电量稳定在 0.5kWh 左右，PR 值稳定在 80%以上。10 月 18~23 日发电量又升至 1.0kWh 以上，PR 值降至 50%左右。10 月 24 日以后发电量下降，PR 值又迅速上升。从 10 月整体来看，发电量随天气变化明显，PR 值也随天气变化明显。

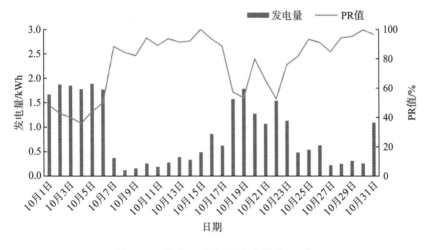

图 3.30　秋季 10 月逐日发电量及 PR 值

将 10 月逐日发电量与太阳辐照量进行拟合，如图 3.31 所示。趋势线为一个二次多项式，$y=-0.0082x^2+0.2426x+0.047$，$R^2$ 为 0.9887，拟合相关程度较高。秋季 10 月天气情况下，逐日发电量与太阳辐照量有较好的拟合关系。

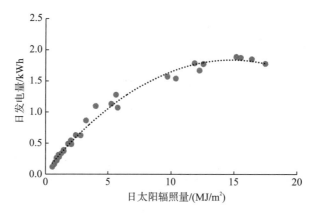

图 3.31   秋季 10 月逐日发电量与太阳辐照量拟合关系

3.3.4   冬季运行效果分析

冬季选取 12 月份进行分析，12 月的天气组成如表 3.9 所示。阴雨天气占绝大多数，阴间多云天数不到 2 成，没有晴间多云和晴朗天气，由此说明 12 月的太阳辐射资源相较于其他 3 个月是最差的。

表 3.9   冬季 12 月天气组成

天气状况	阴雨	阴间多云	晴间多云	晴朗
天数	27	4	0	0

12 月的月总发电量为 21.60kWh。图 3.32 为 12 月的逐日发电量及 PR 值，日发电量变化较为明显，但都在较低的数值范围内变化，日发电量最高为 12 月 28 日的 1.66kWh，PR 值整个月都处于较高的水平，最低为 71.5%。12 月虽然 PR 值相对于其他季度的 3 个月较高，但其太阳能资源较差，因此月总发电量远低于夏季和春季，略低于秋季。

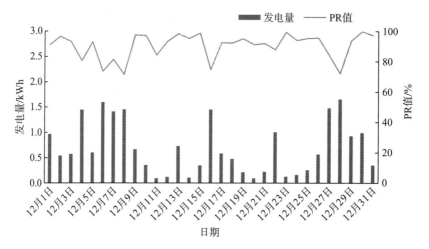

图 3.32   冬季 12 月逐日发电量及 PR 值

将 12 月逐日发电量与太阳辐照量进行拟合，如图 3.33 所示。趋势线为一个二次多项式，$y=-0.0166x^2+0.3344x-0.0088$，$R^2$ 为 0.9954，相对于线性拟合的 R^2 为 0.9723，拟合相关程度更高。由于冬季 12 月阴雨天气最多，太阳辐照量低，逐日发电量与太阳辐照量相较于其他季度的 3 个月有更好的拟合关系。

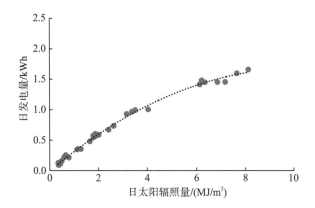

图 3.33　冬季 12 月逐日发电量与太阳辐照量拟合关系

3.3.5　不同季节近似太阳辐照度下的发电量对比

由四个季度不同月份的逐日发电量与太阳辐照量的拟合关系来看，春季、秋季、冬季均能拟合出二次多项式，春季和秋季趋势线相近。而夏季的数据点分散，数据无法拟合成趋势线。

将不同季节低于 8MJ/(m^2·d) 辐照水平的天数筛选出来，数据分布如图 3.34 所示。

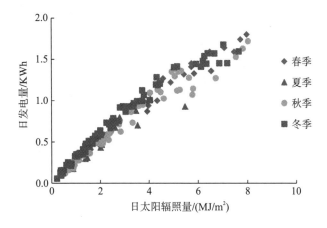

图 3.34　低辐射下不同季节点集合

可以看到太阳辐照量越低的位置，点越密集，夏季的点明显少于其他三个季节。冬季的点最多，并且多集中在日发电量在 1.0kWh 以下的位置。

再将日辐照量高于 8MJ/m^2 的天数筛选出来，数据分布如图 3.35 所示。

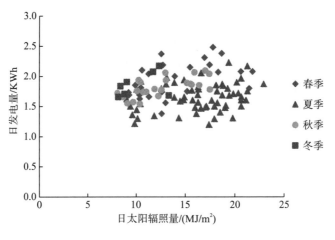

图 3.35　高辐射下不同季节数据分布

由图 3.35 可以看出，太阳辐照量高的区域出现夏季的点最多，集中靠右下的位置，其次是春季、秋季，分布在夏季的上方，最少的是冬季，出现在左上方。夏季的太阳辐照量高，但发电量却低于同一辐照量下的春季和秋季，甚至与冬季低辐照量的发电量相同。在同一辐照量下，夏季的发电量也明显低于其他几个季节。

将近似相同辐照量下的夏季与春季或秋季几日的发电数据进行对比，如表 3.10 所示。

表 3.10　夏季与春季或秋季近似相同辐照量下发电量对比

序号	日期	斜面辐照量/(MJ/m^2)	发电量/kWh	发电量降低百分比/%
1	5 月 10 日	20.59	2.08	5.3
	6 月 29 日	20.61	1.97	
2	4 月 18 日	18.62	2.38	21.4
	7 月 9 日	18.70	1.87	
3	3 月 25 日	17.75	2.48	47.6
	8 月 21 日	17.91	1.30	
4	9 月 11 日	17.39	2.04	41.2
	8 月 25 日	17.37	1.20	
5	10 月 3 日	16.38	1.85	20.5
	6 月 18 日	16.56	1.47	
6	4 月 27 日	13.90	2.00	34.5
	8 月 22 日	14.34	1.31	

分析表 3.10 中数据，近似辐照量下夏季的日发电量低于春季和秋季。由于辐照量并不是决定发电量的唯一因素，因此发电量降低程度并没有明显的规律。但可以推测的是，如果将夏季的系统 PR 值从 40%提升至春季或秋季的 60%，那么夏季的发电量会有明显提高。

3.4　全年运行效果分析

3.4.1　全年太阳辐照度数据

通过全年的测试得到重庆地区全年日太阳辐照量如图 3.36 所示。全年平均日太阳辐照量为 $10.13MJ/m^2$，最大值为 $27.99MJ/m^2$，最小值为 $0.44MJ/m^2$，全年有 149 天高于全年平均值，日期集中在 5～8 月。全年日太阳辐照量方差为 $67.07MJ/m^2$，波动较大。

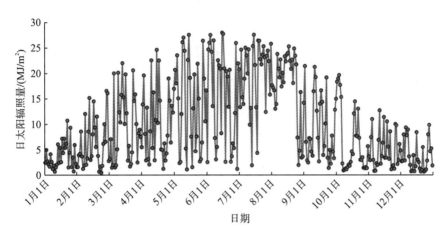

图 3.36　实测年每日太阳辐照量

将水平面太阳辐照量的测试值与典型年进行对比可知，二者全年变化趋势基本相似（图 3.37），5～8 月实测值要比典型年值大一些，其他月份相差较小。实测年的总太阳辐照量为 $3697.8MJ/m^2$，而典型年为 $3058.5MJ/m^2$，实测值比典型年大 20.9%。本次测试除 5～8 月的资源情况与典型年有一定的偏差，其余月份的测试结果与重庆地区太阳能资源真实情况相近。

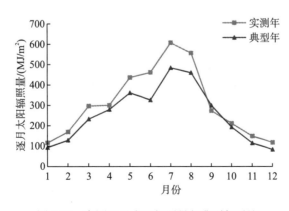

图 3.37　实测逐月太阳辐照量与典型年对比

组件温度为《可再生能源建筑应用示范项目数据监测系统技术导则》(试行)监测要求项,旨在了解组件运行的状态。剔除通风实验测试的两日及其他异常数值,将全年的环境月平均温度与组件月平均温度进行对比。从图 3.38 中可以看出组件温度同环境温度变化趋势相同,也与太阳辐照量变化趋势基本一致。1~3 月二者相差较小,5~8 月相差较大,特别是 7、8 月份,差值超过了 6℃。

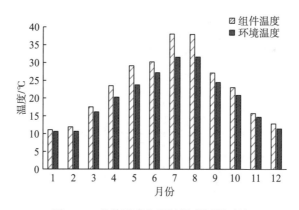

图 3.38　组件温度与环境温度逐月对比

3.4.2　全年太阳辐照度和光伏发电量的拟合关系

整理光伏发电系统月总发电量及 10°倾斜面总太阳辐照量,按照式(3.5)计算得到全年的月均 PR 值。光伏发电系统逐月发电量及 PR 值如图 3.39 所示。需要说明的是,在 5~6 月的测试期间,约有 20 天发电量数据记录出现故障,系统发电量由其余天数的 PR 值计算得到,其余月份发电量均为实测值。

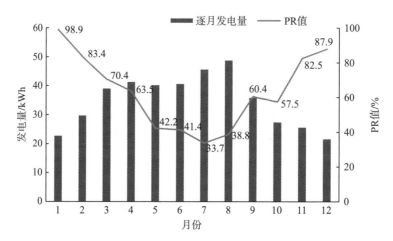

图 3.39　光伏发电系统逐月发电量及 PR 值

在测试倾角下,系统年总发电量为 418.3kWh,月平均发电量为 34.9kWh。系统逐月发电量近似呈波浪形。发电量最低月份为 12 月,月发电量为 21.6kWh;发电量最高月份为 8 月,月发电量为 48.8kWh。3 月、4 月、5 月、6 月发电量相近,约为 40kWh。10 月至次年 2 月的月发电量低于全年均值。

系统全年平均 PR 值为 63.4%，全年 PR 值变化明显，5～8 月 PR 值相近，仅为 40% 左右，11 月至次年 2 月，PR 值达到了 80%以上。系统 PR 值变化趋势与太阳辐照量和环境温度相反。在辐照量最小、环境温度最低的 1 月，系统 PR 值最高，达到了 98.9%，而在辐照量最大、环境温度最高的 7 月，系统 PR 值最低，仅有 33.7%。

资料显示，我国西部地区大型地面电站的 PR 值为 74%，这个值已经低于许多运行良好的电站。而本次实验的系统效率远低于该值，其中的原因估计是实际测试的年份太阳辐照量高于典型年，5 月、7 月、8 月的太阳辐照量比典型年约高 20%，6 月更是高于典型年 40%，影响了系统的 PR 值。

剔除通风实验和清洗实验几日数据及某些不完整数据，图 3.40 为全年正常发电情况下日太阳辐照量与对应日发电量的散点图。

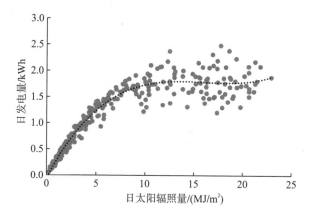

图 3.40 全年系统日发电量与日太阳辐照量拟合关系

由图 3.40 可知，在太阳辐射比较低的情况下，二者呈现较好的线性关系，但当辐照量继续增大时，发电量并没有线性增加，而呈现出比较分散的状态。这说明发电量与接收的辐照量并不呈线性关系，夏季太阳辐照量比较大的情况，发电量并没有线性增加，故系统 PR 值下降。全年的发电量与太阳辐照量拟合关系相较于线性关系更符合一个三次多项式 $y=0.0005x^3-0.0228x^2+0.3587x-0.0526$，$R^2$ 为 0.9297，拟合程度较好。

将日辐照量低于 8MJ/m^2 的天数进行筛选，这些数据分布如图 3.41 所示。

此时发电量就与太阳辐照量呈现比较好的线性关系，拟合公式为 $y=0.2163x+0.1088$，$R^2=0.9546$，R^2 比较高，线性相关度高。说明在辐照量较低的天气下，发电量随辐照量增加基本呈线性增加。

通过以上分析，如果将夏季的系统 PR 值提高至春季或秋季的 60%，那么在测试情况下，夏季的总辐照量为 1268.5MJ/m^2，系统发电量将从测试结果 135.0kWh 增加至 215.6kWh，增幅为 80.6kWh，相当于每日增加 0.88kWh。

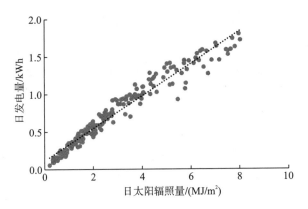

图 3.41   低辐射下系统日发电量与日太阳辐照量拟合关系

3.5   光伏组件夏季通风实验分析

重庆地区夏季环境基本处于静风状态，且最大风速在 1m/s，基本没有自然通风的作用。为研究空气流通对组件背板表面温度及其发电效果的影响，需要对组件背板进行机械通风。

3.5.1   通风实验装置及风速测点布置

实验设计由定速风机对组件支架下方的通道进行机械通风。为减少周边漏风对风速、风量的影响，特别裁剪了木板放在组件短边方向进行一定遮挡。通风实验组件、组件支架及搭接木板的剖面图如图 3.42 所示。

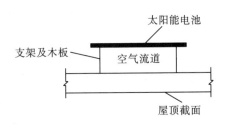

图 3.42   通风实验装置剖面

考虑到实验台支架的密闭性不如风道，风量会有所减少，且风速会因为距离而衰减，故实验采取单独测试第三块光伏组件。为了减少其他组件对 3 号组件的影响，将其他组件关闭，系统中只有 3 号组件工作。在 3 号组件的入口及出口均进行了风速的测量，测点的布置参考风口风速测点布置要求，测点布置如图 3.43 所示，用求平均值的方法获取大致的风速。

由于组件通风后背板表面温度降低，恢复至自然运行状态需要一定时间，通风时间分别设置为 12:00、14:00 及 16:00，两次通风中间留有足够的时间间隔。

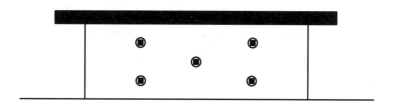

图 3.43　风速测点布置

3.5.2　组件温度和光电转换效率随通风的变化曲线

在实际应用中，太阳能电池的光电转换效率比标准条件下低很多，原因在于太阳辐射的间歇性、地域性和不稳定性，还有一个很重要的原因是太阳能电池的实际工作温度远高于 25℃。选取测试中夏季的某日进行分析，该日天气情况为晴天，该日的环境温度、组件温度变化如图 3.44 所示。

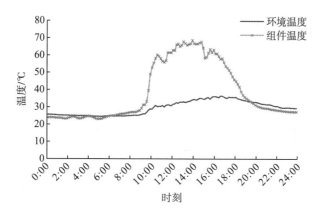

图 3.44　环境温度与组件温度比较

由图 3.44 可知，组件温度在日出前和日落后低于环境温度，日出后 6:00～9:00 组件温度升高不明显，在 9:50 左右迅速升高并远高于环境温度，在 10:00～16:00 时段组件温度恒高于环境温度，16:00 后逐渐降低至与环境温度相近，19:30 后低于环境温度。组件温度随太阳辐射改变而发生变化，太阳辐照度越大、组件温度越高，组件温度与环境温度差值越大。

表 3.11 为 10:00～16:00 工作时段组件参数与气象参数。该日组件的温度最高达到了67.7℃，组件温度与环境温度最大差值为 34.7℃。

对组件下方进行机械通风，以加快组件背板空气的流动速度，使空气带走多余的热量，降低组件工作温度，让组件在较高的太阳辐照度下保持一定的光电转换效率。通过机械通风尽量减少温度对组件光电转换效率的影响，实现提高发电量的最终目的。

在 7 月 5 日和 8 日进行了组件通风实验，分析通风对组件温度、光电转换效率的影响。仅对 3 号组件进行测试，以下组件功率仅为一块组件的值。

表 3.11   逐时组件参数与太阳辐照度

时刻	太阳辐照度/(W/m^2)	环境温度/℃	组件温度/℃	组件功率/W
10:00	533.4	28.8	52.7	210.4
10:30	614.9	30.1	60.1	175.4
11:00	612.1	30.9	56.4	244.7
11:30	706.7	31.3	61.5	221.0
12:00	725.4	31.6	62.8	200.9
12:30	752.6	32.1	66.4	194.5
13:00	757.2	33.0	67.7	183.0
13:30	768.6	33.2	66.2	190.1
14:00	712.0	34.4	66.5	188.0
14:30	757.0	35.0	67.0	179.7
15:00	492.9	34.5	58.2	170.7
15:30	669.7	34.6	63.3	177.3
16:00	591.4	36.0	60.7	176.3

1. 7 月 5 日(晴间多云天气)通风测试

7 月 5 日 3 次通风风速测试结果如表 3.12 所示，组件下方的风速约为 2.62m/s。

表 3.12   7 月 5 日通风风速测试结果

序号	时刻	风速/(m/s)		
		入口	出口	平均值
1	12:00	2.95	2.32	2.64
2	14:00	2.98	2.17	2.58
3	16:00	2.96	2.30	2.63

第一次通风实验风机开启时间为 12:35～13:05，运行时间为 30min。第一次通风测试太阳辐照度对应的组件功率如表 3.13 所示。太阳辐照度约为 400W/m^2，组件功率大致由 50.9W 增大到 75.7W。

表 3.13   第一次通风测试组件功率

时刻	太阳辐照度/(W/m^2)	组件功率/W
12:20	509.2	45.3
12:25	440.3	44.7
12:30	405.4	46.8
12:35	386.4	50.9
12:40	387.0	63.7
12:45	372.3	72.2
12:50	392.7	77.3

续表

时刻	太阳辐照度/(W/m²)	组件功率/W
12:55	402.9	77.9
13:00	405.2	76.6
13:05	385.1	75.7
13:10	363.3	57.5
13:15	353.0	53.1
13:20	352.4	49.2

　　图 3.45 为第一次通风前后组件温度和环境温度逐时变化，图 3.46 为对应组件光电转换效率逐时变化。

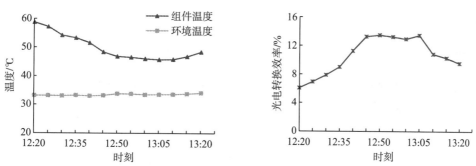

图 3.45　第一次通风组件温度与环境温度逐时变化　　图 3.46　第一次通风组件光电转换效率逐时变化

　　从图 3.45 中可以看出，这 1 个小时中环境温度始终稳定，均值为 33.4℃，而组件温度有很大的变化。在风机开启前 15min 的温度均值为 55.8℃，风机开启后的 5min 降至 51.5℃，10min 后降至 48.3℃，之后稳定在 46℃左右，风机关闭后温度缓慢上升，关闭后 10min 升至 46.8℃，15min 升至 48.4℃。

　　由前文可知，组件光电转换效率与最大功率、太阳辐照度两个变量有关。风机开启前组件的光电转换效率处于极低的值，约为 7%。12:20～12:30 光电转换效率有小幅提升是因为太阳辐照度由 500W/m² 左右降至 400W/m² 左右，组件温度降低。在风机开启后 15min 光电转换效率上升较快，与组件温度下降较快有关，后稳定在 13.3%左右，风机关闭后光电转换效率逐渐下降。

　　从测试结果可以看出，12:00 的风机通风有较好的效果。在环境温度为 33.4℃、太阳辐照度约为 400W/m² 的条件下，组件的温度最低能降至 46℃，光电转换效率由 7%提升至 13.3%，提高 90%。

　　在 14:00 左右进行了第二次通风实验，风机开启时间为 14:05～14:30，运行时间为 25min。第二次通风测试太阳辐照度对应的组件功率如表 3.14 所示。风机开启前和关闭后，组件功率由约 45W 上升至 80W 左右，但太阳辐照度约有 140W/m² 的增大幅度，因此功率增加幅度较大。

表3.14　第二次通风测试组件功率

时刻	太阳辐照度/(W/m^2)	组件功率/W
13:50	288.4	44.4
13:55	279.8	43.1
14:00	271.7	41.7
14:05	275.4	45.5
14:10	297.2	61.6
14:15	328.2	69.0
14:20	370.0	74.7
14:25	398.3	76.5
14:30	416.2	81.1
14:35	415.7	54.0
14:40	387.7	53.0
14:45	452.5	50.5
14:50	415.5	46.4

图3.47和图3.48分别为第二次通风前后组件温度和环境温度逐时变化,以及对应组件光电转换效率逐时变化。

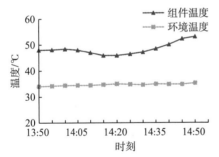
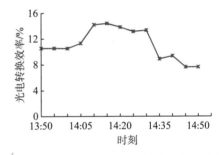

图3.47　第二次通风组件温度与环境温度逐时变化　　图3.48　第二次通风组件光电转换效率逐时变化

环境温度稳定在34.7℃,组件温度在风机开启前约为48℃,太阳辐照度约为270W/m^2。风机开启后,太阳辐照度逐渐增加至400W/m^{2}左右,此时组件温度下降不如前一组实验明显,开启5min后温度下降至47℃,10min后下降至45.9℃。风机关闭后,太阳辐照度维持在400W/m^{2}左右,组件温度迅速上升,14:45风机关闭15min后已经上升至52.3℃。

风机开启前组件的光电转换效率约为10.5%,风机开启10min后,光电转换效率上升较快,提升至14%,后因太阳辐照度增大而有小幅下降,风机关闭后下降明显,突降至9%,这与组件温度骤升有关。

从测试结果看,在14:00的通风仍有一定效果。在环境温度为34.7℃、太阳辐照度从270W/m^{2}左右升至400W/m^{2}左右的条件下,组件的温度最低降至45.9℃,光电转换效率由10.5%提升至14%,提高33.3%。

在16:00左右进行了第三次通风实验,风机开启时间为16:15~16:30,运行时间为

15min。第三次通风测试太阳辐照度对应的组件功率如表 3.15 所示。风机开启时段太阳辐照度逐渐降低，组件功率也处于较低水平，太阳辐照度为 110W/m² 左右到 250W/m² 左右，组件功率为 20W 左右到 40W 左右。

表 3.15　第三次通风测试组件功率

时刻	太阳辐照度/(W/m²)	组件功率/W
15:55	219.3	29.8
16:00	213.9	26.6
16:05	308.9	43.6
16:10	312.4	40.3
16:15	246.3	40.5
16:20	227.7	35.0
16:25	155.5	25.5
16:30	112.3	21.3
16:35	114.8	20.6
16:40	128.8	23.8
16:45	133.4	20.6
16:50	127.9	22.5
16:55	147.8	27.7

图 3.49 和图 3.50 分别为第三次通风前后组件温度和环境温度逐时变化，以及对应组件光电转换效率逐时变化。

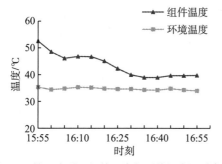 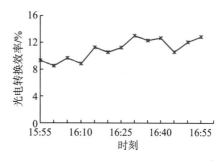

图 3.49　第三次通风组件温度与环境温度逐时变化　　图 3.50　第三次通风组件光电转换效率逐时变化

环境温度稳定在 34.7℃，组件温度在风机开启前约为 48℃，太阳辐照度约为 300W/m²。风机开启后，太阳辐照度逐渐降低至 110W/m² 左右，此时由于太阳辐照度的降低，组件温度明显下降。开启 5min 后（16:20）温度下降至 45.1℃，10min 后（16:25）下降至 42.3℃。风机关闭后，太阳辐照度有小幅上升，组件温度上升不明显，仍维持在 40℃ 左右。

风机开启前组件的光电转换效率约为 9%，风机开启后，光电转换效率提升至 12% 左右。因 16:00 的太阳辐照度变化较为剧烈，光电转换效率波动也较为剧烈，效率提升不明显。

2. 7月8日(晴朗天气)通风测试

7月8日3次通风的风速测试结果如表3.16所示，风速测试结果略高于7月5日，约为2.68m/s。

表3.16　7月8日通风风速测试结果

序号	时刻	风速/(m/s)		
		入口	出口	平均值
1	12:00	2.87	2.56	2.72
2	14:00	3.03	2.31	2.67
3	16:00	2.99	2.29	2.64

第一次通风实验风机开启时间为12:35~13:00，运行时间为25min。第一次通风测试太阳辐照度对应的组件功率如表3.17所示。太阳辐照度稳定在750W/m^{2}以上，组件功率由通风前的大致40W增加到了80W左右。

表3.17　第一次通风测试组件功率(7月8日)

时刻	太阳辐照度/(W/m^2)	组件功率/W
12:20	766.8	43.5
12:25	759.3	42.1
12:30	763.5	39.4
12:35	758.5	40.0
12:40	757.0	59.2
12:45	774.9	69.2
12:50	765.3	74.9
12:55	756.8	79.9
13:00	777.9	79.9
13:05	793.5	66.3
13:10	807.0	48.5
13:15	827.6	43.1
13:20	825.8	39.7

图3.51和图3.52分别为第一次通风前后组件温度和环境温度逐时变化，以及对应组件光电转换效率逐时变化。

环境温度均值为37.1℃，较7月5日高3.7℃。风机开启前5min组件温度高达70℃，风机开启后的10min(12:45)降至66.7℃，25min后(13:00)降至61.3℃，风机关闭后温度迅速上升，关闭后10min(13:10)升至64.9℃，20min后(13:20)升至72.4℃。

风机开启前组件的光电转换效率比7月5日更低，约为3.7%。在风机开启后光电转换效率上升较快，但提升幅度不大，最高在7%左右，风机关闭后迅速下降到关闭前的状态。

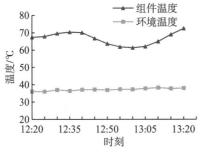 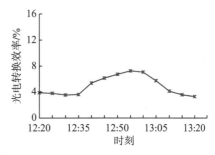

图 3.51 第一次通风组件温度与环境温度逐时变化　　图 3.52 第一次通风组件光电转换效率逐时变化

　　从测试结果来看,12:00 下的风机通风有一定效果。此时环境温度很高,约为 37℃,太阳辐照度保持在 750W/m² 左右,组件的温度最低能降至约 61℃,光电转换效率由 3.7%提升至 7%,提高 89%。

　　在 14:00 左右进行了第二次通风实验,风机开启时间为 14:15～14:40,运行时间为 25min。第二次通风测试太阳辐照度对应的组件功率如表 3.18 所示。太阳辐照度由 790W/m² 降至 200W/m²,后又升至 740W/m² 左右的条件下,组件功率波动明显,没有明显的增大趋势。

表 3.18　第二次通风测试组件功率

时刻	太阳辐照度/(W/m²)	组件功率/W
14:00	492.5	44.6
14:05	747.9	48.5
14:10	799.4	39.1
14:15	790.6	39.7
14:20	798.8	35.2
14:25	179.0	18.7
14:30	272.4	44.5
14:35	182.4	31.7
14:40	200.3	35.0
14:45	210.9	40.1
14:50	536.6	74.5
14:55	760.2	52.9
15:00	742.6	45.0

　　图 3.53 为第二次通风前后组件温度和环境温度逐时变化,图 3.54 为对应组件光电转换效率逐时变化。

　　环境温度约为 38.9℃,比第一次通风测试下的环境温度更高。组件温度在风机开启前约为 70℃。风机开启后,太阳辐照度由 790W/m² 左右逐渐降低至 200W/m² 左右,关闭后逐渐上升至 740W/m² 以上。此时组件温度变化比前一组实验明显,开启 10min 后突降至59.7℃,随后由于太阳辐照度越来越小,组件温度进一步降低至 45℃左右。风机关闭后,组件温度迅速上升,15min 后已经上升至 60℃。

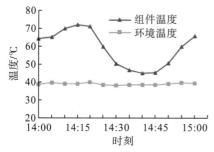

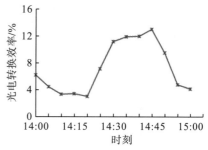

图3.53　第二次通风组件温度与环境温度逐时变化　　图3.54　第二次通风组件光电转换效率逐时变化

　　风机开启前组件光电转换效率受太阳辐照度影响逐渐降低至3%,风机开启10min后,光电转换效率上升较快,提升至7%,后因太阳辐照度减小而上升更加明显,提升至12%,风机关闭5min后下降明显,15min后降至原来的水平。

　　第三次通风实验风机开启时间为16:30~16:50,运行时间为20min。第三次通风测试太阳辐照度对应的组件功率如表3.19所示。风机开启时段太阳辐照度处于较低的水平且变化剧烈,组件功率随之变化并且也处于较低水平。通风仍有一定作用,17:05时太阳辐照度为323.8W/m²、组件功率为56.7W,与16:20时太阳辐照度为383.4W/m²、组件功率为26.7W相对比有较大提升。

表3.19　第三次通风测试组件功率

时刻	太阳辐照度/(W/m²)	组件功率/W
16:10	452.8	26.0
16:15	539.2	52.8
16:20	383.4	26.7
16:25	259.2	27.8
16:30	230.3	37.6
16:35	417.1	45.4
16:40	143.9	19.3
16:45	335.4	55.1
16:50	276.8	31.1
16:55	120.2	16.8
17:00	91.5	15.5
17:05	323.8	56.7
17:10	339.6	59.1

　　图3.55为第三次通风前后组件温度和环境温度逐时变化,图3.56为对应组件光电转换效率逐时变化。

　　环境温度约为39.1℃,组件温度在风机开启前约为55℃。该时段太阳辐照度变化剧烈,与7月5日情况相似。风机开启后温度逐渐下降,10min后下降至48.7℃,15min后降至 45.7℃。风机关闭后，太阳辐照度降至 90W/m² 的时段，由于环境温度较高，组件温度仍有 43℃。

组件光电转换效率随太阳辐照度变化剧烈，与风机开启关闭并无太大关系。

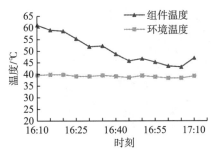 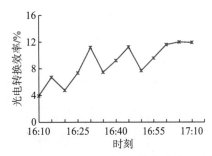

图 3.55　第三次通风组件温度与环境温度逐时变化　　图 3.56　第三次通风组件光电转换效率逐时变化

3.5.3　组件温度和光电转换效率随通风的变化规律分析

组件温度受太阳辐射和环境温度的共同影响，因此用组件温度的降低来说明通风的效果。由 7 月 5 日和 8 日两日实验的测试分析结果可知：12:00 太阳辐射最强烈，处在较稳定的状态，通风组件的光电转换效率提升幅度不大，组件功率因太阳辐照度较大有明显提升。在太阳辐照度约为 400W/m² 的情况下，通风前组件温度约为 55.8℃，通风后降至约 46℃，光电转换效率约从 7% 升至 13.3%，组件功率约从 50W 增加至 75W；太阳辐照度约为 750W/m² 的情况下，通风前组件温度约为 70℃，通风后降至约 61.3℃，组件光电转换效率约从 3.7% 升至 7%，组件功率约从 40W 增加至 80W。

14:00 太阳辐射仍较强烈，但相对于 12:00 有所降低，并且稳定程度下降。此时组件光电转换效率随太阳辐照度变化明显，通风对光电转换效率影响不大。组件功率仍处在与 12:00 相近的水平，组件功率多分布在 40~50W。

16:00 太阳辐射进一步降低且受云层遮挡变化明显，组件光电转换效率变化无明显规律，并且此时组件功率也处在较低水平，多分布在 10~50W。

综合以上对组件功率的分析，对晴朗和晴间多云天的正午时段，即持续处于高水平辐射下的组件进行通风，通风效果最为明显，对辐射变化剧烈且辐照度不大情况下的组件通风意义不大。

3.6　光伏组件清洗效果分析

光伏发电系统搭建完成后连续运行 3 个月并未进行任何清洁处理，组件表面已有积灰和鸟的排泄物，如图 3.57(a) 所示。作者于 6 月 20 日对组件进行清洗，清洗后组件表面如图 3.57(b) 所示。

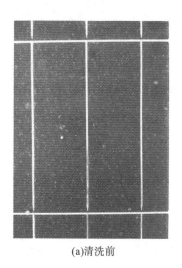 

(a)清洗前   (b)清洗后

图 3.57   光伏组件清洗对比

3.6.1   夏季清洗光伏组件对性能的影响

清洗后运行的第一天6月21日与6月20日天气类型都为晴天,且环境温度差别不大。将这两天的发电情况进行对比,其基本参数如表 3.20 所示。两日的组件发电功率、环境温度及太阳辐照度的关系如图 3.58 所示。

表 3.20   夏季组件清洗前后系统参数

日期	状态	10°倾斜面辐照量/(MJ/m²)	环境温度/℃	发电量/kWh	PR值/%
6 月 20 日	清洗前	15.74	30.4	1.60	36.0
6 月 21 日	清洗后	14.82	32.4	1.60	38.3

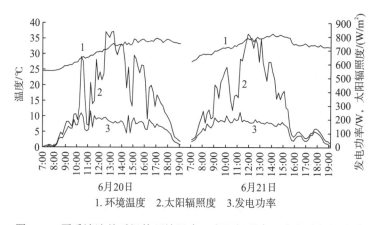

1.环境温度   2.太阳辐照度   3.发电功率

图 3.58   夏季清洗前后组件环境温度、太阳辐照度、发电功率的关系

由于太阳辐射是在不断变化的,想要挑选出环境温度相近、辐照度相近的一段时刻较为困难,因此通过比较全天发电效果的方式来讨论清洗效果。清洗后 10°倾斜面辐照量

略低于清洗前，相差 0.92MJ/m²。对比两日环境温度，清洗后比清洗前高 2℃。从曲线也可看出在 7:00～15:00 时段，清洗前的环境温度明显更低。综合前文分析，在太阳辐照度相近的情况下，环境温度更低、发电效果应该更好，但是两日发电量相等。清洗后系统综合效率 PR 值提高 2.3 个百分点。

3.6.2　冬季清洗光伏组件对性能的影响

为对比不同季节的清洗效果，在光伏发电系统运行半年后，于 1 月 15 日又对光伏组件进行了清洗。对比环境温度和辐照量，1 月为重庆的冬季，环境温度和太阳辐照量都明显低于 6 月。由于清洗当日及后一日的日辐照量都在 2MJ/m² 以下，故选取天气情况相近的 1 月 13 日、1 月 17 日进行对比。清洗前后的系统基本参数如表 3.21 所示，组件发电功率、环境温度及太阳辐照度具体关系如图 3.59 所示。

表 3.21　冬季组件清洗前后系统参数

日期	状态	10°倾斜面辐照量/(MJ/m²)	环境温度/℃	发电量/kWh	PR值/%
1 月 13 日	清洗前	4.36	8.9	0.89	96.2
1 月 17 日	清洗后	5.15	10.0	1.06	96.9

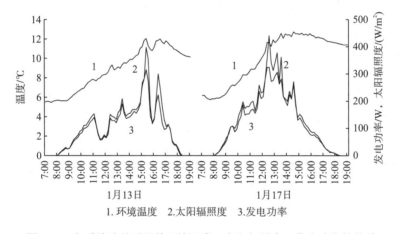

图 3.59　冬季清洗前后组件环境温度、太阳辐照度、发电功率的关系

此次清洗后 10°倾斜面辐照量略高于清洗前，两日相差 0.79MJ/m²。对比两日环境温度，清洗后比清洗前略高 1.1℃。清洗后太阳辐照量更多，环境温度更高，发电量也高于清洗前。这个发电量结果符合常理，值得注意的是，在该条件下清洗后系统综合效率 PR 值小幅提高了 0.7 个百分点。

通过以上两次清洗实验，不管是夏季清洗后太阳辐照量低于清洗前，环境温度高于清洗前，发电量仍与清洗前相同，还是冬季清洗后太阳辐照量高于清洗前，环境温度高于清洗前，PR 值有小幅提高，都说明灰尘的堆积会对光伏发电系统发电效果产生一定影响，清洗组件有一定效果。

3.6.3 重庆地区清洗光伏组件的适应性分析

重庆曾是我国空气污染较严重的城市之一，也曾是较为有名的酸雨污染区，但自 1997 年重庆变为直辖市以来，加大了大气污染的防治力度，空气质量逐年好转。重庆主城区 2013～2016 年优良天数统计及空气达标率如表 3.22 所示。

表 3.22　重庆主城区空气质量情况

年份	优良天数	空气达标率/%
2013	206	56.4
2014	246	67.4
2015	292	80.0
2016	301	82.5

空气质量自动监测污染指标有六项：PM_{10}、$PM_{2.5}$、SO_2、NO_2、CO、O_3。与空气污染和治理有关，不同年份的主要污染物不同。曾经 SO_2 为主要污染物，从 2001 年开始 PM_{10} 成为首要污染物，据统计 2013 年、2014 年首要污染物为 $PM_{2.5}$。无论哪种污染物成为首要污染物，其污染源的状况在一定季节时间范围内、不变的地理环境下是相对稳定的。研究表明，重庆主城区 $PM_{2.5}$、PM_{10} 月平均浓度呈现出明显的季节性变化，冬季最高，春季、秋季次之，夏季最低。

光伏组件表面积灰除了与空气污染有关，还与降雨的冲刷有关。根据实际的测试数据，将降水量进行了统计，结果如表 3.23 所示。从表中可以看出，夏季的 6 月降水量高于其他月份，平均到降水天数，6 月和 7 月的降水量分别为 21.2mm、13.9mm，高于其他月份。说明这两个月的降水比其他月份更有利于光伏板表面灰尘的冲刷。

表 3.23　实测全年逐月降水量

月份	降水量/mm	降水天数
1	14.0	5
2	24.8	9
3	119.8	13
4	125.4	20
5	136.8	16
6	339.0	16
7	124.8	9
8	38.0	13
9	134.4	15
10	110.6	16
11	76.6	9
12	12.4	8

综合上面对空气质量和降水量的分析,虽然重庆主城区的环境状态处于空气质量以良为主的水平,对光伏组件积灰不会产生严重影响。但仍然建议在有条件的情况下,对光伏发电系统进行清洁以提高发电效果,并且冬季对光伏发电系统的清洁频率应比夏季高。

3.7 影响系统发电量因素分析

3.7.1 自然环境因素分析

光伏组件的工作特性表明,太阳辐照度和温度的变化会影响组件的输出电压和电流,即影响光伏组件的工作性能。太阳辐照度和温度又受自然环境因素的影响。自然环境因素包括纬度、太阳高度角、大气透明度、日照时间、温度、湿度、风速等。本节将这些因素主要影响结果总结到太阳辐照度、组件温度、组件积灰三个方面。

1. 太阳辐照度

总体来说,地理纬度越低,太阳入射角越大,太阳辐照度也越大;太阳高度角越低,辐射能衰减越多,辐照量越小;日照时间越长,可以获得越多的太阳辐射;晴天的空中云少,大气的透明度高,太阳辐射能达到地面的多。

重庆地区位于北纬 28°10′~32°13′,虽纬度不高,但由于山地特殊地形等原因,太阳辐射相对于同纬度的拉萨地区,太阳辐照量仅为后者的 41.7%,差别很大。拉萨和重庆两地的太阳辐照量逐月对比如图 3.60 所示。

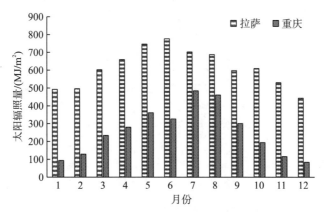

图 3.60 拉萨、重庆逐月太阳辐照量对比

太阳高度角为人观察太阳时的仰角,即太阳光线与地面之间的夹角,太阳高度角简化示意图如图 3.61 所示。地球自转,造成太阳东升西落,位置在不断变化,故太阳高度角在一日之内也不断随之改变。正午当太阳高度角达到一日中极大值 H 时,称为正午太阳高度角。

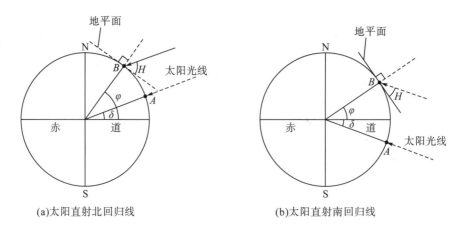

(a)太阳直射北回归线   (b)太阳直射南回归线

图 3.61   太阳高度角简化示意图

图 3.62 为重庆地区正午 (12:00) 太阳高度角,可知重庆地区夏季太阳高度角为 65°～77°,这段时间光伏组件在 13°～25° 范围内接收到的太阳辐照量最大;冬季太阳高度角为 35°～50°,而此时的光伏组件角度就需要调整到 40°～55° 才能接收到最大辐照量。因此,不同季节的太阳能最佳利用角度是有所差异的,组件的安装角度需要调整才能有最佳的应用效果。

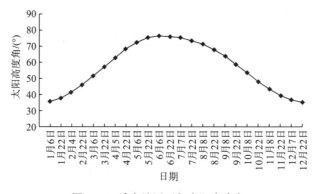

图 3.62   重庆地区正午太阳高度角

重庆地区月均日照时长如图 3.63 所示。从日照时长来看,重庆地区日照时长夏至日 (6 月 22 日) 最长,约为 14h,冬至日 (12 月 22 日) 最短,约为 10h。从理论上说,重庆地区每日的日照时长在 10h 以上,全年超过半数的时间日照时长在 12h 以上,日照时长是足够的。但实际情况是,受到云量的影响,在阴雨天时仅有散射部分能够到达地面,太阳辐射实际利用量少。故重庆地区更需要能在低辐射下工作性能良好的电池材料,以便更好地利用阴雨天时的低辐射。

天空中的云越多,太阳辐射越少,散射辐射分量越大。晴天的散射辐射只占可见光的 10%,阴天阳光被反射或散射的概率越高,会有越多的散射辐射到达地球表面。云量是指云遮蔽天空视野的成数,由于该参数是用人的眼睛测量的,测量的主观因素比较大,但仍能反映实际情况。据相关气象数据,重庆地区年平均总云量为 7.8 成,云量较多。从季节来看,云量最多的是冬季,约为 8.5 成;其次是春季和秋季,约为 8 成;最少的是夏季,约为 6.9 成。

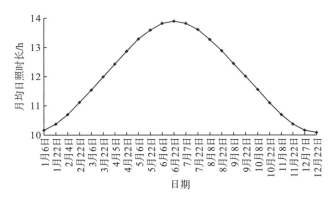

图 3.63　重庆地区月均日照时长

近年来冬季雾霾现象频发，雾霾导致大气透明度更低。重庆地区也受到一定影响，冬季总太阳辐照量本身就相对较低，光伏组件的应用情况不容乐观。图 3.64 为重庆主城区的雾霾天气景象。

图 3.64　重庆主城区雾霾天气景象

太阳辐照度是影响组件发电功率的关键因素，决定了发电功率的大小。太阳辐照度随季节、早晚变化具有周期性，随天气、环境变化具有随机性，光伏发电功率受太阳辐照度的影响也具备周期性和随机性。以上分析可以得出实验数据处理分析的两个重点，一是分析不同季节的发电效果，二是不同天气情况下的发电效果。

2. 组件温度

光伏组件具有负温特性，在同一太阳辐照度下，组件功率随着温度升高而减小，光电转换效率随组件温度升高而降低。

环境温度和太阳辐照度均会对组件温度产生影响。由于光伏组件最高仅有约 20%的光电转换效率，照射在组件上的大部分辐射能量都需要以热量的形式散发，因此太阳辐照度会引起组件温度的较大波动。环境温度虽然随季节、天气变化明显，但日环境温度波动远小于太阳辐射引起的组件温度变化，因此环境温度决定了组件温度的基础值。

组件温度受太阳辐照度和环境温度影响一般可以用以下关系式进行描述：

$$T_c = T_a + \frac{dT_c}{dP} \cdot P \tag{3.11}$$

式中，T_a——环境温度，℃；

　　　　dT_c / dP——组件温度光强系数，一般情况下取值为 30℃·m²/kW。

组件功率随温度变化用功率温度系数 γ 来表示。光伏组件温度升高，组件开路电压减小。在组件温度为 20～100℃的范围内，组件温度每升高 1℃，开路电压减小约 150mV，而组件电流随温度的升高略有上升，每升高 1℃，组件电流约增加 6‰。整体来看，温度每升高 1℃，组件输出功率约减少 0.4%，这就是功率温度系数。不同的光伏电池，温度系数也不同，例如，晶体硅电池温度系数约为-0.50%/℃，非晶硅薄膜电池温度系数约为-0.25%/℃。

重庆地区年均气温约为 18℃，冬季均温为 6～8℃，夏季均温为 27～29℃，最高气温为 43℃。图 3.65 为重庆地区典型年的月平均干球温度，可以看出月平均干球温度呈抛物线变化，5～9 月环境温度高于全年平均温度。后文将通过实际测试来分析环境温度如何影响组件温度。

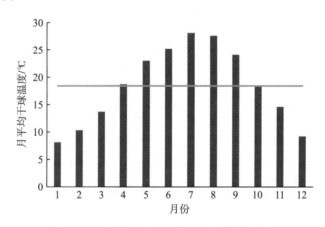

图 3.65　重庆地区典型年的月平均干球温度

3. 组件积灰

除上述太阳辐照度和温度的影响，在光伏发电系统运行一段时间后，光伏组件上会有一定的积灰，灰尘的遮挡也会使玻璃盖板内电池表面接收到的太阳辐照量减少，同时组件上的积灰会对其散热效果产生一定影响。

从灰尘的来源来看，城市里灰尘的来源可分为自然和人为两方面。自然来源主要是土壤、岩石以及大气沉降物等经过风化等自然作用，被空气运送至各处；人为来源主要是人类生产活动过程的影响，如建筑施工、城市交通、工业生产、居民生活等。

从物理性质来看，灰尘按粒径大小可以分为粗灰尘和细灰尘，不同颗粒大小的灰尘对光伏组件的遮挡不同。另外，灰尘还会使部分光线的传播均匀性发生变化，将光线散射到玻璃盖板上，影响到达光伏玻璃盖板表面的光线。

从化学性质来看，灰尘可以分为中性、酸性和碱性三种。光伏组件的盖板材料大多为玻璃，玻璃的主要成分是二氧化硅，因此当呈酸性或碱性的灰尘附着在盖板表面时，长时间后能与玻璃盖板发生反应。玻璃表面被侵蚀后形成的小坑会影响光线的折射,从而导致从玻璃折射到电池表面的光变少。

组件长期运行后表面会有灰尘、鸟粪等物质的遮挡,被部分或全遮挡的太阳能电池因电流减小,较高的反偏压加载在被遮挡电池上,被遮挡电池只能以发热的形式消耗掉这部分功率。因此,出现了被遮挡部分的温升高于未被遮挡的部分,温度过高时以至于出现烧坏的现象。这种由于局部阴影又或是电池本身缺陷,组件在工作时局部发热出现高温的现象称为"热斑效应"。图 3.66 为因"热斑效应"损坏的电池片,因此及时清理组件上的遮挡物是很有必要的。

图 3.66 因"热斑效应"损坏的电池片

3.7.2 设计安装因素分析

在设计光伏发电系统时,需要考虑安装位置、朝向、角度等因素,这些因素会直接影响光伏阵列接收太阳辐照量的多少。

为接收到更多的太阳辐照量,最理想的办法是安装跟踪装置,随太阳运动实时调整阵列的方位角和倾角。由于这种技术相对来说难度大、成本高,因此在工程中一般采用固定安装的方式。光伏阵列的不同安装方式如图 3.67 和图 3.68 所示。

我国处于北半球,组件最佳安装朝向从理论上来说应当是正南方向。但建筑中的光伏发电系统由于建筑物本身结构等原因,安装朝向并不能完全为正南。最佳安装倾角主要由光伏发电系统所在地的纬度决定。需要注意的是,最佳安装倾角并不能直接等于当地纬度或当地纬度减去 5°~10°。原因在于,相同纬度地区(如拉萨 29.7°、重庆 29.5°)的太阳辐照量与组成可能相差很大。

图 3.67 自动跟踪光伏阵列   图 3.68 固定式光伏阵列

重庆大学戴辉自、刘旭已对重庆地区不同倾角的年太阳辐照量进行了实际测试。实验中对四种典型倾角进行测试，分别是 0°、19.5°、29.5°、39.5°，其中 29.5°为重庆纬度，四种倾角表面的朝向均为正南。测试结果表明，四个角度年太阳辐照量分别为 3155.7MJ/m²、3117.1MJ/m²、2998.1MJ/m²、2853.9MJ/m²。0°是最佳倾角，19.5°与 0°相差 38.6MJ/m²，29.5°、39.5°分别与 0°相差 157.6MJ/m²、301.8MJ/m²。

刘旭对重庆地区不同倾角、不同方位角倾斜面太阳辐照量进行了计算分析。计算中倾角和方位角均以 10°步长为组合，计算得到不同表面的年太阳辐照量。方位角为 0°时，计算出的 0°～40°的年太阳辐照量如表 3.24 所示。可以看出，10°是最佳倾角，但只比 0°时大 2.5MJ/m²。0°与其他倾角差值分别为 46.8MJ/m²、145.4MJ/m²、293.4MJ/m²，与测试情况一致。根据计算与实测结果分析可知，0°、10°、20°三个倾角年辐照量相差的程度并不大。本次实验也选取 10°倾角进行全年的测试，只在有特殊实验需求时调整组件的角度。

表 3.24 0°方位角下不同倾角的年太阳辐照量

倾角/(°)	0	10	20	30	40
年太阳辐照量/(MJ/m²)	3058.5	3061.0	3011.7	2913.1	2765.1

对于安装并网光伏阵列的住宅或商业建筑，最常见的安装方式是在屋顶安装系统。在既有建筑上增设或改造光伏发电系统，规范要求必须对建筑结构安全、建筑电气安全等进行复核和检验。除安全性，还需要考虑组件朝向和倾角、组件通风散热和光伏发电系统与建筑物结合的整体美观性。

重庆地区农村房屋常用的屋顶形式如图 3.69 所示，常见的有坡屋顶和平屋顶两种。大多数的农户都在平屋顶上安装了太阳能热水系统，较充分地利用了屋顶资源。

对于家庭用户，虽然可利用支架进行一定角度的安装，但遇到不同类型的屋顶时，大多都还是贴合在屋顶表面安装。这种安装方式需要注意的是，组件周围须留有一定的通风通道。留通风通道是为了防止组件运行温度过高而影响系统运行效果。两种组件屋顶安装的实例如图 3.70 和图 3.71 所示。

图 3.69　重庆地区农村房屋常用屋顶形式

图 3.70　屋顶安装工程实例 1

图 3.71　屋顶安装工程实例 2

安装工程实例 1 是紧贴屋顶安装，没有留通风通道，组件背面空气无法流通；安装工程实例 2 则留有一定距离的通风通道，组件背面空气流动和散热效果优于安装工程实例 1。

不适宜的安装位置可能使组件受到局部遮挡，遮挡容易产生热斑效应。热斑效应会使组件内部电池性能失配、组件输出性能降低，缩短组件使用寿命。地面光伏电站的遮挡多因组件间的距离和倾角产生，建筑光伏发电系统还受到邻近建筑、自身建筑结构的影响。因此，在光伏发电系统设计初期需要详细分析遮挡所产生的阴影，优化系统设计。

3.7.3　系统设备因素分析

目前太阳能电池常见的几种材料类型有单晶硅、多晶硅和非晶硅。不同材料类型的太阳能电池的光电转换效率不同。描述太阳能电池的光电转换效率有两种形式，一是电池光电转换效率，二是组件光电转换效率。电池光电转换效率通常是在标准测试条件(环境温度为 25℃，照度为 1000W/m^2，AM1.5 标准光谱)下测量，用入射太阳能电池的单位光能所产生的电功率数量表示。组件光电转换效率的测量同样可采用电池光电转换效率测量的方法，不同之处在于组件光电转换效率包括了反射损失、玻璃遮挡以及其他一些小的损失。

在选用不同材料类型的光伏组件时除了考虑光电转换效率的差别，还应对比其他方面的因素，如组件的成本、安装的难易程度等。不同太阳能电池的优缺点对比如表 3.25 所示。

表 3.25   不同种类太阳能电池对比

太阳能电池材料	优点	缺点
晶体硅(单晶硅、多晶硅)太阳能电池	技术成熟、光电转换效率高、寿命较长、稳定性好、公害小	高成本、原材料难以获得、不适合低日照水平、不利于光伏建筑一体化
非晶硅薄膜太阳能电池	成本较低、不存在原材料供应瓶颈,适合低日照水平、高温条件,有利于建筑一体化	光电转换效率较低、稳定性较差,存在光致衰减效应
其他薄膜太阳能电池	材料成本影响小,光电转换效率高,弱光效应好,有利于建筑一体化	微量元素难以获得,对环境有一定污染

    逆变器是光伏发电系统中的关键设备,现在建筑并网光伏发电系统中的逆变器集最大功率点跟踪功能和逆变功能于一体,极大地方便了系统的连接和设备的安装,其外观如图3.72所示。逆变器的性能主要用效率来衡量,逆变器总效率可以表示为一段时间内逆变器输出的交流电能与理论上太阳能电池组工作在最大功率点输出的电能之比。目前,并网逆变器本身的效率已经达到了较高的水平,通常在98%以上。在实际工程中需要根据系统参数选择相匹配的逆变器,也要根据实际情况选择集中式或组串式逆变器。

图 3.72   带最大功率点跟踪功能的并网光伏逆变器

    系统各个环节需要电缆进行连接和电能传输,传输过程中存在着阻抗损耗。直流侧输送电缆的合理选型和排布是减少线路损耗、提高光伏发电利用率的关键。在设计中,应采用合理的电路分布结构,尽量短化、直化电缆走向,减少电路中电压的损耗;直流侧电流较大,可以通过增大电缆的截面积和升高直流侧电压来减少直流损耗。

    光伏组件在其 25~30 年的寿命内,电池光电转换效率会随时间的推移而有所降低。在进行投资回收分析,需要对系统发电量进行预测时,应考虑光伏组件光电转换效率衰减的影响。

3.8　本　章　小　结

本章对重庆地区 1kW 的小型离网太阳能光伏发电系统进行了实验测试，主要测试分析的内容有全年运行效果，季节性、典型天气下运行效果，夏季、冬季组件通风效果以及组件清洗效果。这一系列的实验测试分析内容讨论了系统发电量与 PR 值的拟合关系，太阳辐照度与组件温度对发电功率的影响，环境温度、太阳辐照度、组件温度与组件功率的数值计算关系，以及通风对组件光电转换效率的影响。最后归纳出影响光伏发电系统发电量的因素。

本章得出的主要结论如下：

(1) 系统全年发电量为 418.3kWh，月均发电量为 34.9kWh，系统全年平均 PR 值为53.6%。系统综合效率(PR 值)变化趋势与太阳辐照量和环境温度相反，太阳辐照量越大、环境温度越高，系统 PR 值越低。通过对季节运行效果分析，从发电量和太阳辐照量拟合关系来看，拟合程度由好到差依次是冬季、秋季、春季、夏季。

(2) 分析不同天气情况下发电功率与太阳辐照度的关系，晴朗、晴间多云天气下发电功率并不随太阳辐照度达到当日最大值而出现峰值。原因在于太阳辐照度越大、环境温度越高导致组件温度越高，光电转换效率越低。对比太阳辐照量相当、环境温度不同的两日，相同太阳辐照度下，环境温度升高 5℃，发电功率下降 17.8%。计算得到组件温度由 40℃升高至 50℃，光电转换效率从 9.1%降至 6.9%；组件温度升高至 60℃，光电转换效率降至 4.7%。

(3) 太阳辐照度和环境温度共同影响组件温度，组件温度会影响组件光电转换效率，从而影响发电功率。根据测试分析，研究建立了以太阳辐照度、环境温度为输入参数，组件温度、光电转换效率、发电功率为输出参数的计算模型，得出了以太阳辐照度、环境温度、组件温度为影响参数的发电功率计算方法。

(4) 在太阳辐照度约为 400W/m² 的情况下，通风能使组件温度由 55.8℃降至 46℃，组件光电转换效率由 7%升至 13%，组件功率由 50W 升至 75W；在太阳辐照度约为 750W/m²的情况下，组件温度由 70℃降至 61.3℃，组件光电转换效率由 3.7%升至 7%，组件功率由 40W 升至 80W。通过综合分析晴间多云和晴朗天气两日的光电转换效率、太阳辐照度和组件功率几个因素，结论是晴朗和晴间多云天气的正午时段，即持续处于高水平辐射下的组件通风效果最为明显，对辐射变化剧烈且辐射水平不高情况下的组件通风意义不大。

(5) 夏季与冬季两次清洗的实验结果分析都说明灰尘的堆积会对光伏发电系统发电效果产生一定影响，清洗组件有一定效果。综合空气质量和降水量的分析，建议在有条件的情况下，对光伏发电系统进行清洁以提高发电效果，并且冬季对光伏发电系统的清洁频率应比夏季高。

(6) 光伏发电系统发电量主要受组件所能接收到的太阳辐照量、光伏组件光电转换效率、系统设备运行效率三者的影响。其中太阳辐照量受自然环境因素、设计安装因素的影响，组件光电转换效率受自然环境因素、设计安装因素、系统设备的影响。

第4章 光伏活动式遮阳系统的应用与测试

为充分探讨重庆地区的光伏建筑一体化实施策略,本章针对太阳能资源分布特征与需求特性,结合建筑外遮阳的光伏应用开展进一步的应用效果分析,分析不同形式光伏活动式遮阳系统在不同工况下对室内环境调控效果和发电运行情况的影响。通过梳理活动式遮阳设置的基本原则,结合重庆地区气象资源情况,形成光伏活动式遮阳设计方案,搭建光伏活动式遮阳实验平台,制定并开展实验测试。

4.1 光伏活动式遮阳系统的性能评价指标

4.1.1 光伏活动式遮阳系统的发电性能及影响因素

1. 遮阳发电理论分析

光伏遮阳与在实际生活中常见的分布式光伏电站发电原理及影响因素是相同的。对光伏发电量无法进行精确的定量计算,只能通过结合气象条件、设计安装条件、系统设备条件对光伏发电系统发电量进行预测。

一般光伏组件输出瞬时功率 $P(t)$ 为

$$P(t) = \eta_s A G(t) \tag{4.1}$$

式中,$P(t)$——光伏组件输出功率,W;

A——光伏组件面积,m^2;

$G(t)$——光伏组件接收到的太阳辐照量,W/m^2;

η_s——组件光电转换效率。

$P(t)$ 表示组件在某时刻的瞬时功率,对式(4.1)积分可得系统理论日发电量 E_c:

$$E_c = \eta_s A \int_{t_1}^{t_2} G(t) \mathrm{d}t = \eta_s A G_d \tag{4.2}$$

式中,t_1——光伏组件开始接收太阳辐射的时间;

t_2——光伏组件结束接收太阳辐射的时间;

G_d——光伏组件接收到的总太阳辐照量,kWh/m^2。

由式(4.2)可知,光伏组件接收到的太阳辐照量将直接影响光伏发电系统的发电效率。然而在实际中,光伏组件的发电量还受组件温度、环境温度、系统损耗等因素的影响。《光伏发电站设计规范》(GB 50797—2012)给出了发电量计算公式,可将实际对光伏发电系统发电量产生影响的因素总结为以下几个系数:

$$E_p = \eta_1 \eta_2 \eta_3 \eta_4 E_c \tag{4.3}$$

式中，E_p——光伏组件实际日发电量，kWh；

η_1——转换效率修正系数；

η_2——表面污染修正系数；

η_3——直流线路损失；

η_4——逆变器效率。

式(4.1)～式(4.3)的发电量预测模型，也同样适用于光伏遮阳系统的发电量预测。

2. 影响光伏遮阳组件发电量的因素

从模型中分析得到，决定光伏遮阳系统实际发电量的主要因素可以整合为自然环境因素、设计安装因素、系统设备因素三个方面。

1）自然环境因素

自然环境因素包括地理位置、太阳高度角、大气透明度、温度、湿度、风速等。这些因素直接或间接地影响了组件所接收到的太阳辐照量、组件温度及组件积灰情况，从而对光伏组件发电量产生影响。

其中太阳辐射是影响光伏组件运行的关键因素。光伏组件接收到的太阳辐射由直射辐射和散射辐射组成，其中光伏组件发电主要利用的是太阳直射辐射。太阳直射辐射强弱与大气质量、太阳位置、纬度和海拔有关。

太阳高度角随地球转动在一天之内不停变化，正午时太阳高度角在一日中最大，而正午时太阳高度角又随着季节变化。因此，在不同季节、每日不同时段，太阳辐射呈周期性变化，太阳高度角简化示意图如图 3.61 所示。

不同的天气状况也影响着太阳辐射的变化，在阴雨及多云天气，天空中的云量多，阳光被反射或散射的概率高，因此太阳辐射也会随着天气状况呈现出随机性变化。在对光伏组件运行效果进行分析时，一是要分析组件在不同季节、不同时段的发电效果，二是要分析组件在典型天气情况下的发电效果。

光伏组件呈现负温度的工作特性，在相同的太阳辐照度下，组件光电转换效率会随温度的升高而降低，从而影响输出电压和电流，即影响光伏组件的工作功率。一般光伏组件的光电转换效率不到 20%，即只有不到 20%的太阳辐射能量被转换为电能，而超过 80%的辐射能则会以热量的形式散发，从而影响组件温度。

组件温度受太阳辐照度和环境温度共同作用的影响，可以用以下公式来描述：

$$T_c = T_a + \frac{\mathrm{d}T_c}{\mathrm{d}P} \cdot P \tag{4.4}$$

式中，T_a——环境温度，℃；

$\mathrm{d}T_c / \mathrm{d}P$——组件温度光强系数。

相关文献表明，当光伏组件在 20～100℃的范围内运行时，组件温度每升高 1℃，组件的输出功率将减少约 0.4%。

光伏发电系统经过一定时间运行以后，组件表面会积累灰尘、鸟粪等物质，一方面这些物质对组件产生遮挡，影响光线传播的均匀性，进而影响组件输出功率，甚至产生热斑效应；另一方面，这些物质与光伏组件玻璃盖板产生化学反应，侵蚀玻璃表面，使玻璃表面形成小坑，从而影响光伏组件表面的光线传播。

光伏遮阳组件相对于常见的光伏阵列，由于其往往安装在建筑物外表面，清洗难度及成本较高，应积极考虑清洗方案和措施，避免长期积灰导致的光电转换效率衰减过快。

2) 设计安装因素

光伏组件的安装位置、朝向、角度等因素直接影响光伏阵列接收太阳辐照量的多少，从而影响光伏发电系统的发电效率。

因此，在对光伏发电系统进行设计时，应尽可能地接收更多的太阳能。在我国，光伏组件安装在南向从理论上来说收益最大，而组件的安装倾角主要由当地的纬度决定，一般等于纬度或减去5°～10°时，能使全年的效益最大化。

光伏遮阳组件的遮挡多由组件之间的相互距离和倾角导致，组件受到局部遮挡会产生热斑效应，此外，相邻建筑和自身建筑结构也会导致相应问题存在，因此在设计光伏发电系统时需要注意避免遮挡问题的产生。

另外，光伏遮阳组件安装在建筑物外表面，必须对建筑结构安全等方面进行检验，以及确保组件通风散热和整体美观性。

3) 系统设备因素

不同种类的太阳能电池的性能不同，一般采用电池光电转换效率和组件光电转换效率来描述，电池光电转换效率指在标准测试条件下电池的光电转换效率，而组件光电转换效率还包括反射损失、玻璃遮挡等因素。

常见的太阳能电池材料有单晶硅、多晶硅和非晶硅。单晶硅太阳能电池的光电转换效率最高，在实验室条件下能达到24%；非晶硅薄膜电池组件的光电转换效率则较低。工业和信息化部已对光伏电池及其组件的性能做了明确规定，因此在选用光伏组件时，应结合组件性能、成本、安装的难易程度等进行综合考虑。

光伏组件通过一定排列、连接组成了光伏发电系统，在各个环节会产生一定的损耗。对于并网式光伏发电系统，需要将直流电转换成交流电，在这个过程中同样也会造成一定的损失。太阳能电池的寿命一般为25～30年，随着时间的推移，电池光电转换效率会逐渐降低，在进行经济性分析时还需考虑光伏组件光电转换效率衰减的影响。

4.1.2 光伏活动式遮阳系统对室内光环境的影响及评价指标

可见光是太阳辐射的一部分，同样由直射光和扩散光组成。地面总照度则是太阳直射光和天空扩散光的总和，其比例随着太阳高度和云量而变化。在计算某时刻的室内照度之前，必须知道在该时刻室外无遮挡的情况下水平面上的照度。

1. 太阳直射光产生的照度

地面直射光线法线照度为

$$E_{dn} = E_{xt} \exp(-am) \tag{4.5}$$

式中，E_{dn}——直射光线法线照度，lx；

　　　　E_{xt}——大气层外太阳照度；

　　　　a——大气层消光系数；

　　　　m——大气层质量，$m=1/\sin\beta$；

　　　　β——太阳高度角。

　　地面直射光照度 E_{dH} 为

$$E_{dH} = E_{dn}\sin\beta \tag{4.6}$$

式中，E_{dH}——地面直射光照度，lx。

　　垂直面直射光照度 E_{dv} 为

$$E_{dv} = E_{dn}\cos\alpha_i \tag{4.7}$$

式中，E_{dv}——垂直面直射光照度，lx；

　　　　α_i——太阳入射角。

2. 天空扩散光产生的照度

由天空扩散光对地面产生的照度可以用式 (4.8) 计算：

$$E_{kh} = A + B(\sin\beta)^D \tag{4.8}$$

式中，E_{kh}——天空扩散光对地面产生的照度，lx；

　　　　A——日出和日落时的照度，klx；

　　　　B——太阳高度角照度系数，klx；

　　　　D——太阳高度角照度指数。

　　式 (4.8) 中的 A、B、D 常数值取决于天气状况，可根据表 4.1 选取。

表 4.1　计算室外照度常用的常数

天气状况	a	A/klx	B/klx	D
晴朗	0.21	0.80	15.50	0.50
多云	0.80	0.30	45.00	1.00
阴雨	—	0.30	21.00	1.00

3. 室内照度

室内照度受室外照度的影响，晴天时室外照度主要来自直射光，而阴天时主要为天空扩散光，且天空亮度分布均匀。而多云天介于两者之间，照度很不稳定。天空直射光与扩散光随时间的照度变化如图 4.1 所示。

太阳直射光强度极高，容易引起自然眩光，室内常需要遮蔽直射光，所以在采光计算中把全阴天空作为天然光源。因此，在全阴天模型下，采用采光系数 C，即室内测点水平照度 E_n 与室外同一时间不受遮挡的地面扩散光照度的比值，来反映室内外照度间的关系。

此时室内照度可由式 (4.9) 计算：

$$E_n = E_{kh}C \tag{4.9}$$

式中，C——采光系数，我国现行采光设计标准《建筑采光设计标准》（GB 50033—2013）

对其有相应规定。

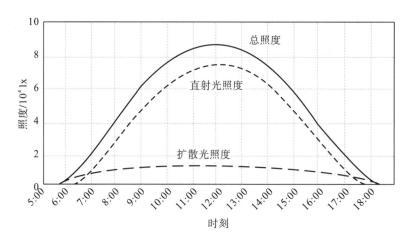

图 4.1　天空直射光与扩散光随时间的照度变化

4. 遮阳对光环境的影响

强烈的直射光会引起室内自然眩光出现，影响室内光环境质量。但是，直射光所能提供的光能要远远大于扩散光。如果能动态控制直射光的光路，并能在其落到被照面之前将其有效扩散，那么直射光也是非常好的天然光源。

建筑外遮阳的设置主要是实现对太阳直射光的遮挡：一方面使室内的照度分布变得比较均匀，降低了自然眩光；另一方面也降低了室内的照度。在晴天时，室内天然光的来源主要是太阳直射光，遮阳设施对太阳直射光的遮挡可以用透光系数 X_s 来反映，此时遮阳设施对室内照度的影响是极大的；而在阴天时，由于室内天然光全部来源于太阳扩散光，此时遮阳设施对室内照度的影响从理论上来说是比较低的。

5. 对光环境影响的评价

一般采用室内照度来评价室内采光效果，室内照度不是越大越好。人们对照度的满意程度有一定的范围，随着照度的增加，采光效果也增强，而当照度继续增加，超过一定数值时，采光效果反而会有所下降，因为当室内照度或窗口亮度过大时，容易受到自然眩光的影响。

因此，不同外遮阳对室内照度调控作用的强弱并不能代表对室内采光环境改善效果的优劣。在国际上，有学者提出了可利用天然光照度(useful daylight illuminance，UDI)进行室内采光质量评价，其中将 100lx 和 2000lx 作为可利用天然光照度的下限与上限，当室内照度小于 100lx 时，表示室内自然光对工作所需的照度贡献不大；而当室内照度超过 2000lx 时，容易对室内产生不舒适眩光，因此可用 2000lx 这个值来评价天然光是否会带来不舒适眩光。此外《建筑采光设计标准》(GB 50033—2013)对办公室、会议室等有"450lx"天然光照度的标准要求。因此，对于办公房间可采用 450～2000lx 照度达标面积比来评价遮阳措施对室内光环境的影响，其既可以反映是否满足自然采光需求，又能反映房间是否受到自然眩光的影响。

4.1.3　光伏活动式遮阳系统对室内热环境的影响及评价指标

太阳辐射通过透光围护结构带来的热量，对建筑热环境产生了非常重要的影响，往往比通过热传导传递的热量对热环境的影响更大。通过透光围护结构进入室内的热量包括通过热传导进入室内和太阳辐射的热进入室内两部分，且两者不存在强耦合关系。本节主要对太阳辐射的热进行分析。

1. 透过标准玻璃的热

照射到透光围护结构表面的太阳光一部分直接进入室内，全部成为房间的热量；还有一部分被吸收后，进而通过对流和辐射的方式将热量传入室内或散到室外。

太阳辐射的热量可表示为

$$HG_{glass,\tau} = I_{Di}\tau_{glass,Di} + I_{dif}\tau_{glass,dif} \tag{4.10}$$

假定透光材料吸热后同时向两侧放热，且两侧材料表面与空气的温差相等，则此时房间的太阳辐射的热量可进一步由式(4.11)表示：

$$HG_{glass,a} = \frac{R_{out}}{R_{out} + R_{in}}(I_{Di}a_{Di} + I_{dif}a_{dif}) \tag{4.11}$$

式中，I——太阳辐照度，W/m^2；

　　τ——玻璃或透光材料的透射率；

　　a——玻璃或透光材料的吸收率；

　　R——玻璃或透光材料的表面换热热阻 $m^2 \cdot ℃/W$；

　　下标 Di——入射角为 i 的直射辐射；

　　下标 dif——散射辐射；

　　下标 glass——玻璃或透光材料；

　　下标 τ——透过；

　　下标 a——吸收。

由于透光材料种类繁多，为了简化计算，我国一般将 3mm 厚普通玻璃的太阳辐射的热量作为标准太阳辐射的热量，并用符号 SSG 表示，单位为 W/m^2。当太阳光入射角为 i 时：

$$\begin{aligned}
SSG &= (I_{Di}\tau_{glass,Di} + I_{dif}\tau_{glass,dif}) + \frac{R_{out}}{R_{out}+R_{in}}(I_{Di}a_{Di} + I_{dif}a_{dif}) \\
&= I_{Di}\left(\tau_{Di} + \frac{R_{out}}{R_{out}+R_{in}}a_{Di}\right) + I_{dif}\left(\tau_{dif} + \frac{R_{out}}{R_{out}+R_{in}}a_{dif}\right) \\
&= I_{Di}g_{Di} + I_{dif}g_{dif} = SSG_{Di} + SSG_{dif}
\end{aligned} \tag{4.12}$$

式中，g——标准太阳的热率；下标含义同式(4.10)和式(4.11)。

2. 遮阳对太阳辐射的热的影响

遮阳设施可在透光围护结构的外侧、内侧或两层玻璃间安装。对于外遮阳，吸收了的太阳辐射热,一般都会通过对流换热和长波辐射散到室外环境中,并不会影响室内热环境。除非外遮阳全关闭,否则一部分热量会通过遮阳内表面的对流换热再通过外窗传到室内。遮阳设施的遮阳作用用遮阳系数 C_n 来描述,反映了遮阳设施对太阳辐射热的降低率。

3. 通过透光外围护结构的太阳辐射的热量

设置遮阳设施后,室内太阳辐射的热量为

$$\text{HG}_{\text{wind, sol}} = (\text{SSG}_{Di}X_s + \text{SSG}_{\text{dif}})C_sC_nX_{\text{wind}}F_{\text{wind}} \tag{4.13}$$

式中,$\text{HG}_{\text{wind, sol}}$——通过透光外围护结构的太阳辐射的热量,W;

　　　X_{wind}——透光围护结构有效面积系数;

　　　F_{wind}——透光围护结构面积,m^2;

　　　C_s——透光材料遮挡系数;

　　　C_n——遮阳设施的遮阳系数;

　　　X_s——透光系数。

由于外遮阳设施一般情况下并不会把吸收的太阳辐射热又释放到室内,因此外遮阳的作用效果在大多数情况下可以反映在透光系数上。

4. 对热环境影响的评价

室内热环境评价指标包括有效温度(effective temperature,ET)、热应力指数(heat stress index,HSI)、预计平均热感觉指数(predicted mean vote,PMV)等。而遮阳设施主要是通过阻挡太阳辐射对热环境产生影响。太阳辐射进入室内后,通过长波辐射将热量传递到各围护结构内表面和家具的表面,使这些表面的温度升高后,再通过对流换热的方式逐步释放到空气中,而不会直接引起气温升高。这个过程有一定延迟,因此室内温度不能实时反映遮阳设施对热环境的影响效果。而由式(4.10)~式(4.13)可知,进入室内的太阳辐照量即可代表进入室内的太阳辐射的热量,因此可通过测试室内增加遮阳设施后,进入室内的太阳辐照度的衰减率,反映遮阳设施对热环境的影响效果。

4.1.4　光伏活动式遮阳系统的重点分析指标

光伏遮阳属于太阳能光电应用的一种形式,已经有许多学者对太阳能光电应用进行了定量和定性分析,也有研究人员对重庆地区太阳能光电应用的全年运行状况进行了分析。从理论上讲,光伏遮阳与这些太阳能光电应用具有相似的工作特性,但又不完全相同。光伏遮阳的安装地点(即自然环境)、系统设备条件一经确定,其对系统运行效果的影响也就随之确定下来,此时对光伏遮阳的分析应侧重于以下两个方面:

(1)传统的太阳能光电应用旨在追求发电效益的最大化,而光伏遮阳是在满足室内环境需求的同时,追求最大的发电效益。在不同天气状况下,室内环境的需求不一,为了研究不同天气状况下光伏遮阳的发电对室内环境的补充作用,须对光伏遮阳在典型天气状况下的运行状况进行分析。

(2)光伏遮阳与固定式光伏阵列相比,具有调节组件方位角、水平倾角的能力。不同朝向、不同倾角下光伏阵列发电效果不同,固定式光伏阵列全年发电效益最大时的朝向和倾角即固定式光伏阵列最佳安装朝向和倾角。而对于光伏遮阳,由于其具有调节能力,不但需要对不同朝向、不同倾角时的光伏发电效果进行分析,还需对不同季节、不同时段的发电效果进行分析,以在不同季节、不同时段匹配最佳的朝向和角度,从而得出满足室内环境需求和获得最大发电效益的光伏遮阳调控策略。

4.2 光伏活动式遮阳系统研究平台简介

4.2.1 实验地点概况

在重庆大学机电楼五楼南向房间和西向走道安装光伏遮阳系统,实验地点周围视野良好,无明显遮挡物,如图 4.2 所示。

图 4.2 实验地点

南向房间长 6.0m、宽 3.6m、层高 3.6m,外窗宽 2.0m、高 2.4m,窗台距室内地面高度 0.8m,采用铝合金窗框和普通中空玻璃。西向走道窗台距室内地面高度 0.8m,计划安装宽 2.7m、高 2.1m 的外窗,采用双层 Low-E 中空玻璃。

南向和西向窗口上方均有 0.6m 左右水平结构的挑出,左右两边均有 0.3m 的结构凸起,在遮阳设计、安装时应将建筑外部结构干扰考虑在内。

4.2.2 光伏活动式遮阳设计

1. 初步方案

基于遮阳形式、朝向设置的基本原则,提出在南向房间设置水平活动式遮阳,在西向走道设置垂直百叶遮阳和水平百叶遮阳的形式,如图 4.3 所示。为了增加南向房间外窗水平活动式遮阳的调节能力,将水平遮阳板划分为多块小板,形成水平摆列的百叶形式,具体设计见后文。

2. 南向房间水平活动式遮阳设计

对活动式遮阳的设计是建立在固定式遮阳的基础上的，对固定水平式遮阳的设计主要涉及水平遮阳挑出长度 P、端翼挑出长度 b、遮阳板至外窗顶端的距离 a，如图4.4所示。

图4.3　遮阳设置初步方案

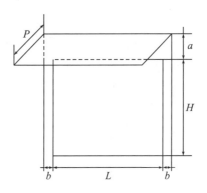

图4.4　水平外遮阳尺寸

水平遮阳挑出长度可按式(4.14)计算：

$$P = (H + a) \times \cos h_s \times \cos r_{s,w} \tag{4.14}$$

式中，P——水平遮阳挑出长度，m；

　　　H——外窗高度，m；

　　　a——遮阳板至外窗顶端的距离，m；

　　　h_s——太阳高度角，(°)；

　　　$r_{s,w}$——太阳与墙方位角之差，且

$$r_{s,w} = A_s - A_w \tag{4.15}$$

　　　A_s——太阳方位角，(°)；

　　　A_w——墙方位角，(°)。

端翼挑出长度为

$$b = H \times \coth_s \times \sin r_{s,w} \tag{4.16}$$

在设计安装过程中需要考虑建筑物本身结构的影响问题。窗口上方 0.6m 的挑出结构，形成了天然的水平遮阳，重庆冬季正午时刻的平均太阳高度角在 37°～50°，取 45° 进行考虑，则该结构可以至少对下方 0.6m 范围形成天然遮挡，因此本次水平遮阳板至外窗顶端的距离 a 取 0.6m，在顶端下方安装。而对于左右两端的突出结构，一方面形成了天然的"垂直遮阳"，另一方面也影响了遮阳设施的安装，因此本次水平遮阳板端翼挑出长度取零。

前面已经分析了透光系数 X_s，即阳光照射百分比对衡量遮阳效果的重要意义。因此，对于水平遮阳挑出长度 P 的计算，在式 (4.14) 的基础上，再通过分析 P 的取值分别对冬季、夏季透光系数的影响，确定重庆地区 P 值的合理范围。

图 4.5 是以实验地点南向房间为模型，计算出水平遮阳挑出长度 P 分别为 0.4m、0.6m、0.8m、1.0m、1.2m、1.4m 下外窗实际阳光照射百分比（即：透光系数）的变化曲线。

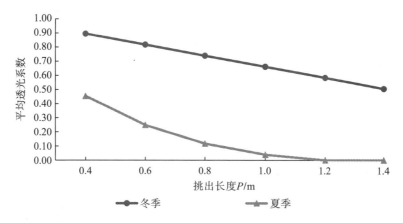

图 4.5　透光系数随水平遮阳挑出长度 P 变化曲线

无论是夏季还是冬季，透光系数都随着 P 的增大而减小，即水平遮阳阻挡直射光的能力随着水平遮阳挑出长度的增大越来越强，这有利于夏季房间的遮阳需求，而不利于冬季获取太阳辐射的热的需求。但水平遮阳挑出长度在 0.4～1.0m 变化时，夏季平均透光系数降低得很快，大于 1.0m 以后，夏季平均透光系数变化趋于平缓。冬季平均透光系数则随着水平遮阳挑出长度增加呈线性变化趋势。

冬季减小对太阳直射的过度阻挡，将有助于提高室温，降低供暖能耗，因此在降低夏季透光系数的同时，必须将冬季的透光系数控制在一定范围内。当 P 为 1.0～1.2m 时，夏季平均透光系数为 0.04 左右，冬季平均遮阳系数为 0.60 左右，此时能够满足夏季和冬季的要求，因此推荐 P 取值 1.0～1.2m。本次水平遮阳系统取 P 为 1.0m，如图 4.6 所示。

引起室内环境和室内能耗变化的关键变量包括叶片的尺寸、角度和间距。本次南向房间水平遮阳叶片可在 0°～90° 倾角内调节，每个百叶宽度与百叶间距的比为 1:1，遮阳板宽度与外窗总宽度相等。

百叶尺寸一般为 100mm、200mm、300mm、600mm，200mm 是我国建筑设计中最常用的外遮阳百叶尺寸，300mm 是常用尺寸中的最大值。相关研究显示，百叶尺寸对室内能耗和室内光照效果无显著影响，因此本次选用 300mm 的尺寸。

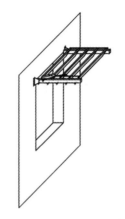

图 4.6　水平活动遮阳示意图

3. 西向活动式遮阳设计

西向活动式遮阳有水平百叶遮阳、垂直百叶遮阳两种，如图 4.7 和图 4.8 所示。其尺寸设计主要包括与顶端距离、与侧边距离、百叶叶片宽度和间距。与南向水平遮阳相同，窗口上方 0.6m 的挑出结构形成了天然的水平遮阳，但由于位于西向，其对阳光的遮挡有限，因此西向遮阳至外窗顶端距离为零。而对于左右两端的突出结构，一方面形成了天然的"垂直遮阳"，另一方面也影响了遮阳设施的安装，因此本次西向过道遮阳至外窗侧边距离取零。

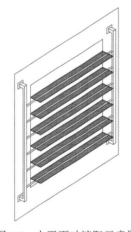

图 4.7　水平百叶遮阳示意图

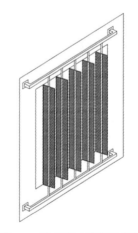

图 4.8　垂直百叶遮阳示意图

本次南向房间水平遮阳叶片可在 0°～90°倾角内调节，每个百叶宽度与百叶间距的比为 1∶1，百叶总宽度与外窗总宽度相等。

西向水平百叶遮阳叶片可在 0～90°范围内调节其水平倾角，每个百叶宽度与百叶间距的比为 1∶1。西向垂直百叶遮阳叶片不能调节水平倾角，其可在 0°～90°范围内调节方位角(0°为正南，顺时针为正)，每个百叶宽度与百叶间距的比也为 1∶1。本次遮阳百叶宽度也均为 300mm。

4. 遮阳实验平台设计尺寸

活动式外遮阳的最终设计尺寸如表 4.2 所示。遮阳百叶尺寸为 1200mm×300mm，南向房间水平活动遮阳由 6 块百叶组成，共 7 组；西向过道水平百叶遮阳由 16 块百叶组成，共 4 组；西向过道垂直百叶遮阳由 18 块百叶组成，共 3 组。遮阳完成形式如图 4.9～图 4.11 所示。

表 4.2　活动式外遮阳尺寸表

序号	类型	规格	面积/m²	数量
1	南向房间水平活动遮阳	2356mm×1023mm	2.41	7
2	西向过道水平百叶遮阳	2854mm×2548mm	7.24	4
3	西向过道垂直百叶遮阳	2854mm×2356mm	6.72	3

图 4.9　水平活动遮阳　　　图 4.10　水平百叶遮阳　　　图 4.11　垂直百叶遮阳

4.2.3　光伏发电系统概况

实验台在活动式遮阳的基础上设计搭建光伏发电系统。光伏组件每日所发电能由蓄电池储存，并供给室内照明、遮阳调控消耗。

1. 光伏组件选用及安装

本次实验选用单晶硅电池，其光电转换效率为 16.8%。封装成 1085mm×285mm 的光伏组件后，光电转换效率为 12.94%，具体参数如表 4.3 所示。

表 4.3　光伏组件参数信息

电性参数(标准测试条件下)	参数值
最大功率	40W
电池片光电转换效率	16.8%
组件光电转换效率	12.94%
开路电压	21.5V
最大功率点工作电压	18.1V
短路电流	2.61A
最大功率点工作电流	2.21A

光伏组件安装在活动式遮阳装置上，可随着遮阳调节改变水平倾角或方位角。因遮阳设置南向遮阳和西向遮阳两个系统，故本次实验台共设置两个光伏发电系统，南向遮阳为系统1，由42块组件组成，总功率为1.68kW，安装面积约为12.99m²；西向遮阳系统2由118块组件组成，总功率为4.72kW，安装面积约为36.49m²。西向遮阳系统2又分为西向水平百叶遮阳2.56kW（安装面积19.79m²）和西向垂直百叶遮阳2.16kW（安装面积16.7m²）。

2. 蓄电池容量计算

为测试光伏遮阳的日发电能力，蓄电池需满足系统最大发电量的输入，一般蓄电池容量可按如下公式计算：

$$B_c = \frac{QD\eta_1}{C\eta_2} \tag{4.17}$$

式中，Q——负载平均日耗电量，Ah；

D——最长连续阴雨天数，d；

η_1——放电修正系数，0.8～0.95；

η_2——温度修正系数，0.9～0.95；

C——放电深度。

光伏发电系统的日均发电量可以由如下公式进行估算：

$$E_p = HA \cdot S \cdot K_1 \cdot K_2 \tag{4.18}$$

式中，E_p——系统日均发电量，kWh；

HA——斜面辐照量，kWh/m²；

S——组件面积总和，m²；

K_1——组件光电转换效率；

K_2——综合效率，75%～85%。

根据全球气象资料软件Meteonorm中重庆地区的气象数据，水平面年均总太阳辐照量为3189.6MJ/m²，折算后日均2.43kWh/m²；西向垂直面年均总太阳辐照量为1868.4MJ/m²，折算后日均1.42kWh/m²。综合效率取75%，组件电池面积分别为12.99m²和36.49m²。计算出系统1日发电量为3.06kWh，系统2日发电量为8.06kWh。蓄电池工作电压为12V，按式(4.17)计算出系统1蓄电池的容量需要340Ah，系统2蓄电池的容量需要596Ah。考虑到实际发电效率可能会造成一定损耗，且每日有照明设备消耗电能，因此系统1选用2块12V的150Ah太阳能蓄电池串联连接，系统2选用8块12V的65Ah太阳能电池串联连接。

3. 耗电设备选择

光伏发电系统产生的直流电通过逆变器转化为交流电后接入办公楼走道照明系统，供应日常照明需要。走道共有功率为48W的LED面板灯16盏，光伏发电系统日均发电9.56kWh，可供其连续工作12小时，满足办公时间及部分夜间照明需求。当光伏发电不足时，则由市电对照明设备进行供电。

4. 系统配置及构成

系统 1 发电总功率为 1.68kW，光伏组件功率 18V/40W，共 42 块，通过 2 串 3 并为 1 个单元，组建成 7 个单元并入太阳能控制器的输入正、负端，控制器的直流输出正、负端连接电池的正、负端，电池正、负端连接光伏逆变器正、负端。系统 1 各组成部分设备参数及数量如表 4.4 所示。

表 4.4　系统 1 各组成部分设备参数及数量

设备名称	型号	参数	数量
光伏组件	18V/40W	DC18V	42
太阳能蓄电池	12V/150Ah	12V	2
专用电池柜	CD-2	12V/150G	1
光伏防雷汇流箱	220-7-100A	220～450V	1
光伏工频逆变器	XD-10224kW	1kW	1
光伏控制器	KY80124	80A	1
电控箱	600mm×500mm×200mm	1kW	1

系统 2 发电总功率为 4.72kW，光伏组件功率 18V/40W，共 118 块，通过 8 串 1 并为 1 组，每 2 组组建为 1 个单元，共 7 个单元。系统 2 各组成部分设备参数及数量如表 4.5 所示。

表 4.5　系统 2 各组成部分设备参数及数量

设备名称	型号	参数	数量
光伏组件	18V/40W	DC18V	118
太阳能蓄电池	12V/65Ah	12V	8
专用电池柜	CD-20	12V/65G	1
光伏防雷汇流箱	220-7-100A	220～450V	1
光伏工频逆变器	XD20296kW	2kW	1
光伏控制器	KY50096	50A	1
电控箱	600mm×500mm×200mm	2kW	1

如图 4.12 所示，箱体 1 为光伏控制器，箱体 2 和箱体 3 均为光伏工频逆变器，逆变器下方的箱子装有蓄电池，提供的是直流电，直流电通过逆变器转化为交流电；其余四个箱子均为配电柜，里面装有各种开关、电表等器件。

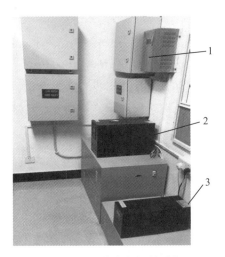

图 4.12　光伏发电控制系统

5. 实验平台搭建

实验台于 2017 年底完成搭建，经调试后于 2018 年 1 月正式开始运行测试。搭建过程和平台最终情况如图 4.13～图 4.16 所示。

图 4.13　西向外窗安装

图 4.14　百叶遮阳准备吊装

图 4.15　西向过道活动式遮阳

图 4.16　南向房间活动式遮阳

4.2.4　实验测试系统

1. 测试目的

根据前述章节分析可知,遮阳措施通过对太阳辐射的遮挡,影响了室内光热环境状况,而太阳辐射又进一步影响光伏发电系统运行效率。因此,本节分析重庆地区室内光热环境需求和光伏遮阳系统运行效果,并探讨基于重庆地区室内环境需求的光伏活动式遮阳调控策略,验证光伏活动式遮阳装置在该地区的应用效果。本次测试将针对重庆地区室内环境状况、光伏活动式遮阳对室内光热环境改善效果、光伏活动式遮阳系统发电效果三个方面展开测试。

2. 测试参数

光伏活动式遮阳系统运行效果主要包括对室内环境的影响效果和光伏发电系统发电效果两个部分。对于室内环境的影响效果,通过第 2 章对相应评价指标的梳理,主要测试参数为室内太阳辐照度和室内照度。光伏发电系统发电量则为评价光伏发电系统发电效果的主要测试参数。此外,不同室外天气状况会对光伏遮阳系统运行情况产生影响,因此也需要测试室外照度、室外太阳辐照度等室外参数。

3. 测试仪器

1) 室内参数测试仪器

表 4.6 为本测试使用的仪器及其相关性能参数,图 4.17 为其外观示意图。

表 4.6　测试仪器型号及性能参数

测试仪器	型号	量程	精度
照度计	TES-1399	0.01~999900lx	±3%
太阳辐射电流表	TBQ-DL	0~2000W/m²	±2%

(a)照度计

(b)太阳辐射电流表

图 4.17　照度计和太阳辐射电流表

2）系统发电量测试

光伏发电系统控测柜上装有电表，反映瞬时发电电压、瞬时发电电流、瞬时发电功率以及累计发电量。可通过电表对三种形式遮阳的发电功率和发电量进行实时读数，其外观如图 4.18 所示。

图 4.18　光伏发电系统控制柜

3）气象站和太阳能辐射站

气象站和太阳能辐射站可记录的参数有温度、湿度、降水量、总太阳辐照度等。太阳辐射数据采集时间间隔为 1s，导出时间间隔为 10min。其余参数采集时间间隔为 1s，导出时间间隔为 5min。气象站和太阳能辐射站可进行全年不间断数据采集，数据采集器采集参数及其精度如表 4.7 所示。

表 4.7　数据采集器采集参数及其精度

通道	参数	量程	精度
1	总太阳辐照度	$0\sim2000W/m^2$	$\pm5\%$
3	降水量	$0\sim12.7cm$	$\pm1\%$
4	温度	$-40\sim100℃$	$\pm0.2℃$
5	湿度	$0\sim100\%$	$\pm1\%$

气象站和太阳能辐射站全景如图 4.19 所示。

图 4.19　气象站和太阳能辐射站全景

4. 测点布置

1）室内太阳辐射

对于南向水平活动遮阳，分别对有遮阳房间和无遮阳房间同时进行对比测试。由于靠近外窗附近，太阳辐照度较高，故测点如图 4.20 和图 4.21 所示。

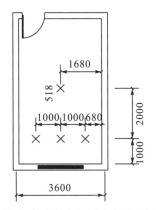

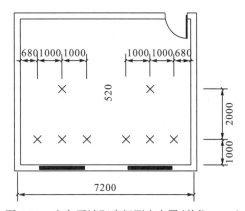

图 4.20　南向有遮阳房间测点布置（单位：mm）　　图 4.21　南向无遮阳房间测点布置（单位：mm）

对于西向过道百叶遮阳太阳辐射的测试，在走道长度方向中心线上按 1m 间隔布置测点，每扇外窗布置 3 个测点，共 3 扇窗，分别为无遮阳、水平百叶遮阳、垂直百叶遮阳，形成对照。

2）室内照度

对于南向水平活动遮阳测试，同样选取一个遮阳房间和一个无遮阳房间进行对比测试。依据《采光测量方法》(GB/T 5699—2017)进行测点布置，具体布置如图 4.22 和图 4.23 所示。

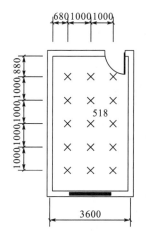
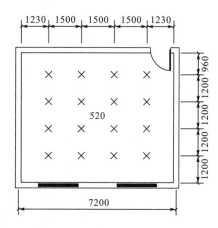

图 4.22　南向有遮阳房间测点布置(单位：mm)　　图 4.23　南向无遮阳房间测点布置(单位：mm)

对于西向过道百叶遮阳照度的测试，在走道长度方向中心线上按 1m 间隔布置测点，每扇窗布置 3 个测点，共 3 扇窗，分别为无遮阳、水平百叶遮阳、垂直百叶遮阳，形成对照。

5. 测试方案

1）室内环境测试

在理论分析中，已经知道不同天气情况会对太阳辐射的传播路径产生影响，从而影响室内环境状态。天气状况主要分为晴朗、多云、阴雨三种典型天气状况，根据重庆地区气象资源分析，重庆地区在冬季以阴雨和阴间多云天气为主，在夏季以晴朗和晴间多云天气为主。因此，本次测试分为夏季测试和冬季测试，夏季测试主要测试在晴朗和晴间多云天气情况下的运行状况，冬季测试主要测试在阴雨和阴间多云天气情况下的运行状况。此外，百叶的不同倾角也会影响遮阳的效果，因此本次测试也设计了在百叶倾角分别为 0°、30°、60°、90°情况下的遮阳效果变化。

因此，本书针对室内太阳辐照度、照度等参数的测试，总共需测试 16 天，具体测试方案如下。

夏季测试在晴朗、晴间多云天气下分别测试 4 天，百叶倾角分别开启 0°、30°、60°、90°，共需测试 8 天。每日在 8:00～18:00 测试，测试时间间隔 2h，三种遮阳形式、相应对照房间以及室外参数均同时测试，保持测试时间一致性。

冬季测试在阴雨、阴间多云天气下分别测试 4 天，百叶倾角分别开启 0°、30°、60°、90°，共需测试 8 天。每日在 8:00～18:00 测试，测试时间间隔 2h，三种遮阳形式、相应对照房间以及室外参数均同时测试，保持测试时间一致性。

2) 光伏发电系统运行情况测试

光伏发电系统运行情况的测试主要包括两个部分：一是与室内环境测试同时进行的夏季、冬季不同角度下系统发电量测试。每日在 8:00～18:00 测试，测试时间间隔 2h 记录一次光伏发电系统发电量，共计测试 16 天。二是系统全年运行效果测试。除了夏冬季节不同角度系统发电量测试的 16 天，系统均在遮阳开启角度为 0° 的条件下进行全年测试，每月对光伏发电系统发电量进行记录。

4.3　冬季光伏活动式遮阳系统对室内光热环境的影响

根据重庆地区气象资源情况分析，在冬季以阴雨、阴间多云天气为主，本次实验测试逐日天气情况及遮阳开启角度如表 4.8 所示。

表 4.8　冬季测试逐日天气情况及遮阳开启角度

日期	遮阳开启角度/(°)	太阳辐照量/(MJ/m²)	直射辐射占比/%	日照时数/h	天气情况	气温/℃
1 月 6 日	0	2.30	3.86	0.05	阴雨	5～8
1 月 8 日	0	8.22	31.56	4.23	阴间多云	3～8
1 月 7 日	30	1.34	5.26	0.06	阴雨	5～7
1 月 12 日	30	8.98	33.11	4.04	阴间多云	3～13
1 月 17 日	60	4.38	2.33	0.06	阴雨	5～13
1 月 14 日	60	9.27	36.04	5.13	阴间多云	4～12
1 月 15 日	90	1.36	4.63	0.04	阴雨	4～10
1 月 11 日	90	9.46	34.76	4.77	阴间多云	4～11

注：因不同遮阳形式百叶倾角变化方式不同，此处统一用开启角度代替，后续具体分析时将分别说明。

4.3.1　南向阴雨天气室内光热环境的影响效果分析

南向水平活动遮阳在冬季阴雨天气情况测试时遮阳百叶水平倾角情况如表 4.9 所示。

表 4.9　南向冬季阴雨天气情况及遮阳百叶水平倾角

日期	南向遮阳百叶水平倾角/(°)	太阳辐照量/(MJ/m²)	直射辐射占比/%	日照时数/h	天气情况	气温/℃
1 月 6 日	0	2.30	3.86	0.05	阴雨	5～8
1 月 7 日	30	1.34	5.26	0.06	阴雨	5～7
1 月 17 日	60	4.38	2.33	0.06	阴雨	3～13
1 月 15 日	90	1.36	4.63	0.04	阴雨	4～10

1. 室内热环境基本情况及遮阳的影响

图 4.24～图 4.27 为南向水平活动遮阳不同百叶水平倾角下室内太阳辐照度与无遮阳、室外太阳辐照度变化曲线。

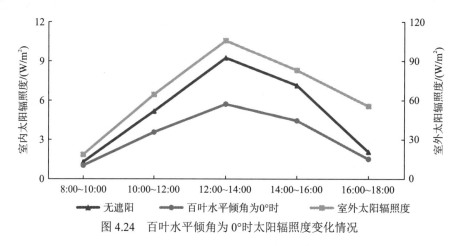

图 4.24　百叶水平倾角为 0°时太阳辐照度变化情况

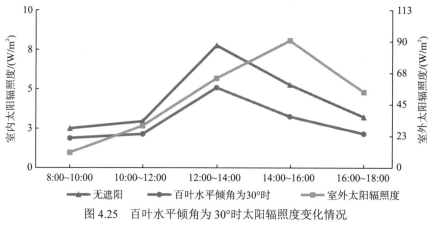

图 4.25　百叶水平倾角为 30°时太阳辐照度变化情况

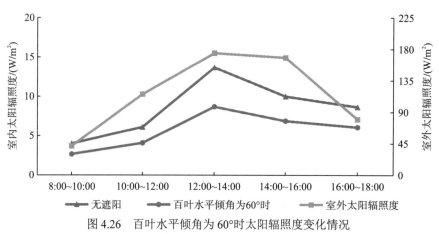

图 4.26　百叶水平倾角为 60°时太阳辐照度变化情况

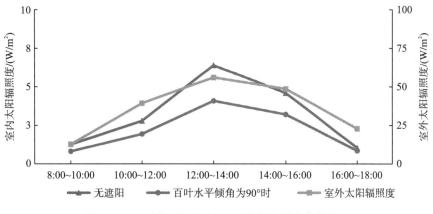

图 4.27 百叶水平倾角为 90°时太阳辐照度变化情况

从以上图中可以看出,在冬季阴雨天气下,无遮阳、不同百叶水平倾角下的水平活动遮阳室内太阳辐照度变化规律与室外基本一致,在上午逐渐增大,于 12:00~14:00 时段达到峰值后,以后逐渐减小。从变化幅度来看,室内太阳辐照度在较低的范围内变化。无遮阳时室内太阳辐照度均在 15W/m² 以内,设置水平活动遮阳的房间室内太阳辐照度仅在 8W/m² 以内变化,波动范围更小。上述结果表明,南向房间在冬季阴雨天气下,室内太阳辐照度较低,遮阳措施对室内热环境的影响是不利的。

从无遮阳和设置遮阳房间的室内太阳辐照度差值来看,在 10:00~16:00,两者差值更大,此外的时段差值较小,表明南向水平活动式遮阳系统主要在 10:00~16:00 时段发挥对太阳辐射的阻挡作用,其中在 12:00~14:00 时段最为明显。具体数据如表 4.10 所示。

表 4.10 遮阳对室内太阳辐射降低幅度 (单位:%)

遮阳形式	时段					平均值
	8:00~10:00	10:00~12:00	12:00~14:00	14:00~16:00	16:00~18:00	
水平倾角为 0°	20.69	31.13	38.13	37.61	26.30	30.77
水平倾角为 30°	24.57	27.21	34.49	38.22	32.69	31.44
水平倾角为 60°	33.33	33.17	36.37	31.09	29.60	32.71
水平倾角为 90°	36.01	30.33	36.05	30.15	18.12	30.13
平均值	28.65	30.46	36.26	34.27	26.68	—

进一步分析各时段遮阳设施对太阳辐射的降低幅度,如图 4.28 所示。从整体上看,在冬季阴雨天气下,各倾角各时段南向水平活动遮阳对太阳辐射的阻挡效果在 20%~40%。

从百叶倾角来看,南向水平活动遮阳对太阳辐射的遮挡效果随着百叶水平倾角的增大并无明显变化,均维持在 30% 左右。分时段来看,四种不同倾角下,在 12:00~14:00 时段对室内太阳辐射的影响最大,降低了 36.26%;其次是 14:00~16:00 和 10:00~12:00 时段;最小的是在 8:00~10:00 和 16:00~18:00 时段,两时段内四种不同倾角下的平均值分别为 28.65% 和 26.68%,均不足 30%。

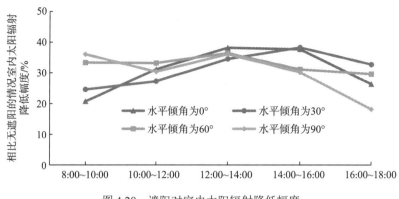

图 4.28　遮阳对室内太阳辐射降低幅度

即冬季阴雨天气情况下，遮阳对室内热环境的影响随遮阳工况的变化改变不大，此时可以考虑在对室内光环境最有利或光伏发电效益最大的遮阳工况下运行。

2. 室内光环境基本情况及遮阳的影响

图 4.29 为南向无遮阳房间室内在冬季阴雨天气下的室内照度分布。整体上看，室内的照度是不足的，仅在为数不多的时间和位置，自然光照度能够满足正常工作需求。在 8:00～10:00 和 16:00～18:00 时段，室内自然光照度主要在小于 100lx 范围内，其余时间室内自然光照度主要在 100～450lx 范围。因此，南向房间在冬季阴雨天气处于需要依靠人工照明才能满足室内照度需求的状态，因此对光照的需求是极其强烈的。

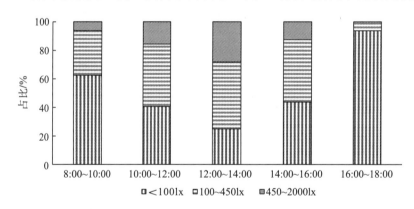

图 4.29　南向无遮阳房间室内各时段照度分布

图 4.30 为不同百叶倾角下遮阳房间室内可利用天然光照度比例与相同测试条件下无遮阳房间的对比。可以看出在设置遮阳措施之后，室内可利用天然光的比例在原有程度上更加降低，无疑使得原本室内的照度需求更加难以依靠自然采光来满足。但仅从可利用天然光照度的比例来看，各种角度遮阳对可利用天然光照度分布结构的影响相差不多。具体数据如表 4.11 所示。

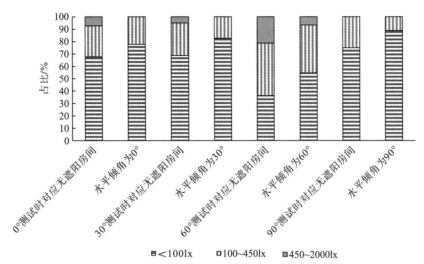

图 4.30　南向水平活动遮阳可利用天然光照度与无遮阳房间对比

表 4.11　遮阳对室内照度降低幅度 （单位：%）

遮阳形式	时段					平均值
	8:00~10:00	10:00~12:00	12:00~14:00	14:00~16:00	16:00~18:00	
水平倾角为 0°	29.98	36.51	43.51	40.16	31.80	36.39
水平倾角为 30°	33.35	40.33	46.35	39.23	29.80	37.81
水平倾角为 60°	33.33	37.56	47.96	40.22	29.60	37.73
水平倾角为 90°	29.01	44.83	46.36	43.54	34.43	39.63
平均值	31.42	39.81	46.05	40.79	31.41	—

进一步分析各时段遮阳设施对室内照度的降低幅度，如图 4.31 所示。从整体上看，在冬季阴雨天气下，南向水平活动遮阳相比无遮阳的室内照度降低幅度在 30%~50%。

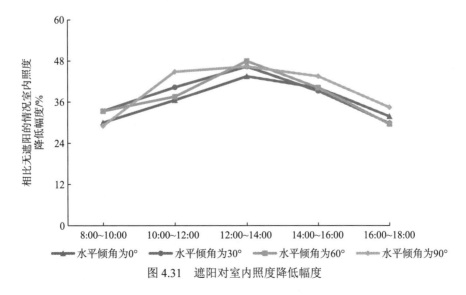

图 4.31　遮阳对室内照度降低幅度

从百叶倾角来看，南向水平活动遮阳对室内照度的降低幅度随着百叶水平倾角的增大变化不明显，平均来看，在 90°时效果最佳，为 39.63%，主要是由于其在 10:00～12:00 和 14:00～16:00 时段较其他时段效果更加。

分时段来看，四种不同倾角下，在 12:00～14:00 时段对室内照度的降低幅度最大，达到了 46.05%；其次是 14:00～16:00 和 10:00～12:00 时段；最低的是在 16:00～18:00 时段和 8:00～10:00 时段，维持在 31%左右。

天然光本就难以满足室内照度需求，且遮阳对光环境的影响随遮阳工况变化不大，因此可通过光伏发电来补充人工照明，以弥补 30%～50%的自然采光损失。

4.3.2　南向阴间多云天气室内光热环境的影响效果分析

南向水平活动遮阳在冬季阴间多云天气情况测试时遮阳百叶水平倾角情况如表 4.12 所示。

表 4.12　南向冬季阴间多云天气情况及遮阳百叶水平倾角

日期	遮阳开启角度/(°)	太阳辐照量/(MJ/m²)	直射辐射占比/%	日照时数	天气情况	气温/℃
1 月 8 日	0	8.22	31.56	4.23	阴间多云	3～8
1 月 12 日	30	8.98	33.11	4.04	阴间多云	3～13
1 月 14 日	60	9.27	36.04	5.13	阴间多云	4～12
1 月 11 日	90	9.46	34.76	4.77	阴间多云	4～11

1. 室内热环境基本情况及遮阳的影响

图 4.32～图 4.35 为南向水平活动遮阳不同遮阳工况下室内平均太阳辐照度与无遮阳、室外太阳辐照度变化曲线。

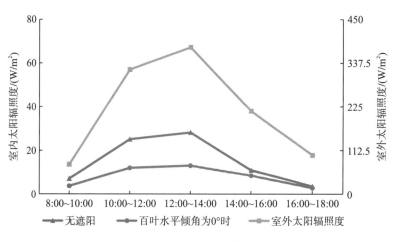

图 4.32　百叶水平倾角为 0°时太阳辐照度变化情况

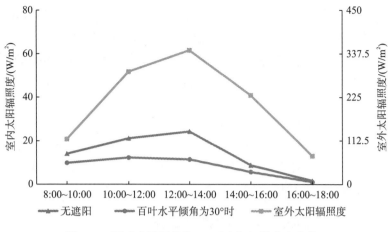

图 4.33 百叶水平倾角为 30°时太阳辐照度变化情况

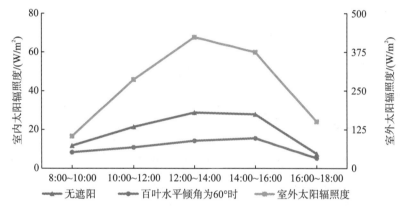

图 4.34 百叶水平倾角为 60°时太阳辐照度变化情况

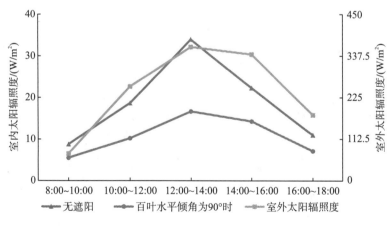

图 4.35 百叶水平倾角为 90°时太阳辐照度变化情况

从以上图中可以看出,在冬季阴间多云天气下,无遮阳、不同倾角下的水平活动遮阳室内太阳辐照度变化规律也与室外太阳辐射基本一致,在上午时强度逐渐增大,并于 12:00~14:00 时段达到峰值,随后逐渐减小。从变化幅度来看,室内太阳辐射整体水平和波动范围较阴雨天气开始增大。测试日室外太阳辐照量最大值在 $300 \sim 350 W/m^2$，无遮阳室内太阳辐照量在 $0 \sim 35 W/m^2$ 波动，而设置水平活动遮阳的室内则在 $0 \sim 15 W/m^2$ 的较低范围内波动。上述结果表明，在冬季阴间多云天气下，虽然室内太阳辐射较阴雨天气有所增大，但仍处于较低水平。在对太阳辐射热有需求的冬季，遮阳措施对室内热环境的影响是不利的。

从无遮阳和设置遮阳房间的室内太阳辐射差值来看，也主要在 $10:00 \sim 16:00$，两者有较大的差值，此外的时段差距不明显，表明南向水平活动式遮阳系统在冬季阴间多云天气下也主要在 $10:00 \sim 16:00$ 时段发挥对太阳辐射的阻挡作用，其中在 $12:00 \sim 14:00$ 时段最为明显。具体数据如表 4.13 所示。

表 4.13 遮阳对室内太阳辐射降低幅度 （单位：%）

遮阳形式	时段					平均值
	8:00~10:00	10:00~12:00	12:00~14:00	14:00~16:00	16:00~18:00	
水平倾角为0°	47.49	52.15	53.72	22.77	20.24	39.27
水平倾角为30°	30.43	42.12	52.94	34.88	31.93	38.46
水平倾角为60°	28.85	49.34	50.50	44.15	29.67	40.50
水平倾角为90°	37.59	45.14	50.90	35.88	35.01	40.90
平均值	36.09	47.19	52.02	34.42	29.21	—

进一步分析各时段遮阳设施对太阳辐射的降低幅度，如图 4.36 所示。从整体上看，在冬季阴间多云天气下，各倾角各时段南向水平活动遮阳对太阳辐射的阻挡效果在 20%~55%。

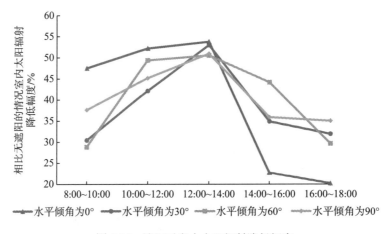

图 4.36 遮阳对室内太阳辐射降低幅度

从百叶倾角来看，南向水平活动遮阳对太阳辐射的阻挡效果随着百叶水平倾角的增大并无明显变化，均维持在 40% 左右。分时段来看，四种不同倾角下，在 $12:00 \sim 14:00$ 时段的阻挡效果最佳，达到了 52.02%；最差的是在 $16:00 \sim 18:00$ 时段，为 29.21%。全时段的遮挡效果波动较大，可能是由于室外阴间多云天气状况不太稳定。

　　总体来说，由于直射辐射比例的增加，遮阳设施对太阳辐射的降低幅度在多云天气情况下更大。而遮阳对室内热环境的影响随遮阳工况变化仍不明显，此时可以考虑追求更大的光伏发电效益。

　　2. 室内光环境基本情况及遮阳的影响

　　图 4.37 为南向无遮阳房间在冬季阴间多云天气下的室内照度分布。整体上看，室内的照度仍是不足的，但较阴雨天气情况下已有所提升。除了 16:00～18:00 时段，自然光照度已达到可利用水平，但自然采光较差。室内自然光照度主要在 100～450lx 范围，需要结合人工照明来满足室内照度要求。此外，在 10:00～14:00 时段，靠近窗口处的照度过高，容易引起不舒适眩光，但比例不足 10%。总体来说，南向房间在冬季阴间多云天气下，对自然采光有一定需求。

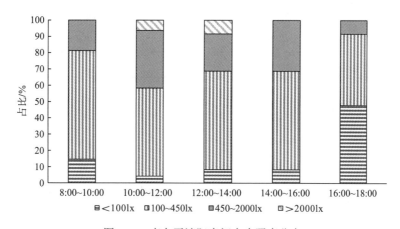

图 4.37　南向无遮阳房间室内照度分布

　　图 4.38 为不同百叶倾角下遮阳房间室内可利用天然光照度比例与相同测试条件下无遮阳房间的对比图。在冬季阴间多云天气下，南向房间室内可利用天然光比例较阴雨天气

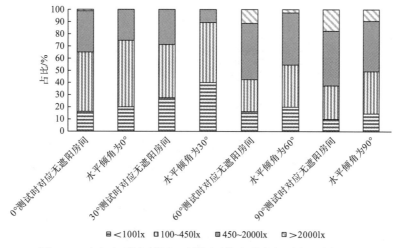

图 4.38　南向水平活动遮阳可利用天然光照度与无遮阳房间对比

有所增加。在未设置遮阳的情况下，室内可利用天然光的比例超过 70%，甚至有个别测试日室内某时刻采光照度超过 2000lx，易引起室内不舒适眩光。设置遮阳措施之后，室内可利用天然光的比例在原有程度上有所降低，但程度不明显，即遮阳措施对室内光环境的影响从可利用天然光比例上来看不显著。具体数据如表 4.14 所示。

表 4.14　遮阳对室内照度降低幅度　　　　　　　　　　　　（单位：%）

遮阳形式	时段					平均值
	8:00~10:00	10:00~12:00	12:00~14:00	14:00~16:00	16:00~18:00	
水平倾角为 0°	38.34	42.22	43.22	43.70	43.21	42.14
水平倾角为 30°	39.09	37.89	51.38	41.25	38.91	41.70
水平倾角为 60°	40.03	45.21	48.65	37.22	41.48	42.52
水平倾角为 90°	39.66	42.83	50.00	42.30	37.90	42.54
平均值	39.28	42.04	48.31	41.12	40.38	—

　　进一步分析各时段遮阳设施对室内照度的降低幅度，如图 4.39 所示。从整体上看，在冬季阴间多云天气下，各倾角各时段南向水平活动遮阳相比无遮阳的室内照度降低幅度在 30%~50%。

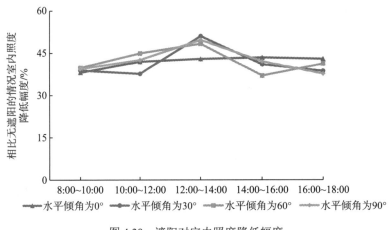

图 4.39　遮阳对室内照度降低幅度

　　从百叶倾角来看，南向水平活动遮阳对室内照度的降低幅度随着百叶水平倾角的变化不明显。分时段来看，遮阳在 12:00~14:00 时段对室内照度的影响仍是最大的。

　　在冬季，遮阳设施对室内太阳辐射和采光都有比较明显的影响，且影响幅度较为一致，均在 30%~40%。而在阴间多云天气，室内自然光已具备一定的利用能力，因此考虑通过光伏发电来补充人工照明，以弥补 30%~40% 的采光照度损失。

4.3.3　西向阴雨天气室内光热环境的影响效果分析

在冬季阴雨天气情况下测试时，西向百叶遮阳角度情况如表 4.15 所示。

表 4.15　西向冬季阴雨天气情况及遮阳百叶倾角

日期	水平百叶水平倾角/(°)	垂直百叶方位角/(°)	太阳辐照量/(MJ/m²)	直射辐射占比/%	日照时数/h	天气情况	气温/℃
1 月 6 日	90	90	2.3	3.86	0.05	阴雨	5～8
1 月 7 日	60	60	1.34	5.26	0.06	阴雨	5～7
1 月 17 日	30	30	4.38	2.33	0.06	阴雨	5～13
1 月 15 日	0	0	1.36	4.63	0.04	阴雨	4～10

注：方位角 0° 为正南方向，90° 为正西方向。

1. 室内热环境基本情况及遮阳的影响

图 4.40～图 4.43 为西向百叶活动遮阳不同遮阳工况下室内太阳辐照度与无遮阳、室外太阳辐照度变化曲线。

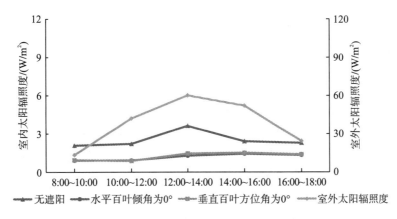

图 4.40　遮阳角度为 0° 时太阳辐照度变化情况

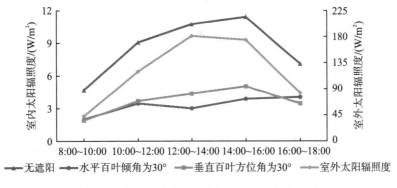

图 4.41　遮阳角度为 30° 时太阳辐照度变化情况

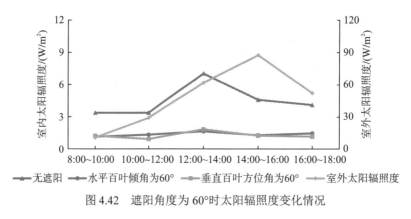

图 4.42   遮阳角度为 60°时太阳辐照度变化情况

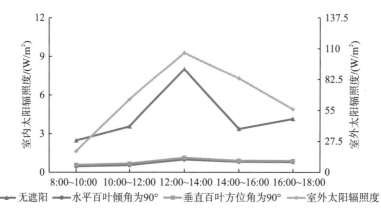

图 4.43   遮阳角度为 90°时太阳辐照度变化情况

从以上图中可以看出，在冬季阴雨天气下，无遮阳、不同倾角下的西向遮阳室内太阳辐照度变化规律与室外太阳辐照度基本一致，在上午逐渐增大，并于 12:00～14:00 时段达到峰值，然后慢慢减小。从变化幅度来看，室内太阳辐照度在较低的范围内变化。无遮阳室内基本在 10W/m² 以内，设置水平活动遮阳的房间室内太阳辐照度仅在 5W/m² 以内变化，变化趋势近乎呈一条水平直线，波动极小。上述结果表明，西向房间在冬季阴雨天气下，室内太阳辐射较弱，遮阳措施对室内热环境的影响是不利的。

从无遮阳和设置两种形式遮阳房间的室内太阳辐照度差值来看，在 12:00～14:00 时段太阳辐照度差值最大，其他时段虽有所减小，但仍有较大差值，表明西向两种形式外遮阳在所有时段均能发挥对太阳辐射的阻挡作用，其中在 12:00～14:00 时段的效果最为明显。

设置水平百叶遮阳和垂直百叶遮阳两种形式室内太阳辐射在冬季阴雨天气情况下几乎没有差别。下面分别分析水平百叶遮阳和垂直百叶遮阳相比无遮阳情况下室内太阳辐射降低幅度。

水平百叶遮阳对室内太阳辐射降低的幅度具体如表 4.16 所示。

从整体上看，如图 4.44 所示，在冬季阴雨天气下，各倾角各时段西向水平百叶遮阳对太阳辐射的阻挡效果在 40%～90%。

表 4.16　水平百叶遮阳对室内太阳辐射降低幅度　　　　　（单位：%）

遮阳形式	时段					平均值
	8:00~10:00	10:00~12:00	12:00~14:00	14:00~16:00	16:00~18:00	
水平百叶倾角为 0°	55.45	57.59	64.17	40.10	41.13	51.69
水平百叶倾角为 30°	57.14	61.83	72.00	66.02	43.10	60.02
水平百叶倾角为 60°	66.28	60.62	73.91	71.93	64.46	67.44
水平百叶倾角为 90°	81.22	84.46	87.69	75.83	80.83	82.01
平均值	65.02	66.13	74.44	63.47	57.38	——

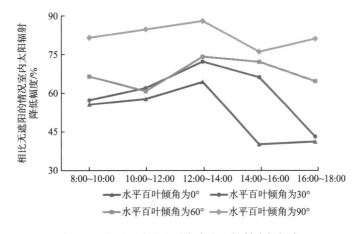

图 4.44　水平百叶遮阳对室内太阳辐射降低幅度

从百叶倾角来看，西向水平百叶遮阳对太阳辐射的阻挡效果随着百叶水平倾角的增大而增加，其中水平倾角为 90°即遮阳完全关闭时最大，相比无遮阳时降低了 82.01%；水平倾角为 0°即遮阳完全打开时最大，降低了 51.69%。

分时段来看，四种不同倾角下，在 12:00~14:00 时段的阻挡效果最佳，为 74.44%；最差的是在 16:00~18:00 时段，为 57.38%；其余时段均维持在 60%以上。

此外，百叶水平倾角为 60°和 90°时，全时段的遮挡效果波动较小，分别维持在 60%~75%和 75%~90%的高水平。而百叶水平倾角为 0°和 30°时的遮挡效果起伏较大，特别是为 0°时，在 14:00~18:00 的遮挡效果相对较差。

垂直百叶遮阳对室内太阳辐射降低的幅度具体如表 4.17 所示。

表 4.17　垂直百叶遮阳对室内太阳辐射降低幅度　　　　　（单位：%）

遮阳形式	时段					平均值
	8:00~10:00	10:00~12:00	12:00~14:00	14:00~16:00	16:00~18:00	
垂直百叶方位角为 0°	54.03	59.38	59.25	36.82	38.53	49.60
垂直百叶方位角为 30°	59.44	59.26	59.38	55.88	51.32	57.06
垂直百叶方位角为 60°	63.64	72.73	73.91	73.03	71.81	71.02
垂直百叶方位角为 90°	76.73	81.07	85.93	73.45	78.64	79.16
平均值	63.46	68.11	69.62	59.80	60.08	——

对于西向垂直百叶遮阳，从整体上来，在冬季阴雨天气下，各方位角各时段遮阳对太阳辐射的阻挡效果在 30%～90%，略低于西向水平百叶遮阳，如图 4.45 所示。

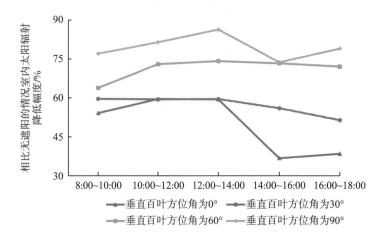

图 4.45　垂直百叶遮阳对室内太阳辐射降低幅度

从百叶方位角来看，西向垂直百叶遮阳对太阳辐射的阻挡效果随着方位角的增大而增加，其中方位角为 90°（正西）即遮阳完全关闭时最大，相比无遮阳时降低了 79.16%；方位角为 0°（正南）即遮阳完全打开时最小，降低了 49.60%。

分时段来看，四种不同倾角下，在 12:00～14:00 时段的阻挡效果最佳，达到了 69.62%；最差的是在 14:00～16:00 时段，为 59.80%；其余时段均维持在 60% 以上。

此外，百叶方位角为 30°、60° 和 90° 时，全时段的遮挡效果波动较小，分别维持在 50%～60%、60%～75% 和 75%～90% 的高水平。而百叶方位角为 0° 时的遮挡效果起伏较大，其在 14:00～18:00 的遮挡效果相对较差。具体数据如表 4.17 所示。

总体来说，在冬季阴雨天气下，西向两种遮阳形式对太阳辐射的阻挡效果整体上高于南向水平活动遮阳，且随角度的变化较为明显。因此，在应用遮阳设施时不能仅考虑光伏发电系统的运行效率，必须考虑遮阳设施对室内热环境的影响。

2. 室内光环境基本情况及遮阳的影响

图 4.46 为西向无遮阳房间在冬季阴雨天气下的室内照度分布。由于测试条件限制，测点靠近外窗附近，不能全面反映西向房间室内光环境状况。但从理论上讲，阴雨天气以太阳扩散光为主，西向房间的室内光环境基本情况应与南向房间一致。此外，从西向无遮阳房间照度分布结构随时间变化来看，也与南向房间一致。从西向靠近窗口的照度分布来看，也与南向靠近窗口位置的照度分布一致。因此，西向房间在冬季阴雨天气同样处于需要依靠人工照明才能满足室内照度需求的状态，即对光照的需求同样是极其强烈的。

图 4.47 为不同百叶倾角下遮阳房间室内可利用天然光照度比例与相同测试条件下无遮阳房间的对比图。可以看出在设置遮阳措施之后，室内可利用天然光的比例降低程度明显，无疑使得原本室内的照度需求更加难以依靠自然采光来满足，必须依靠人工照明才能满足室内照度需求。

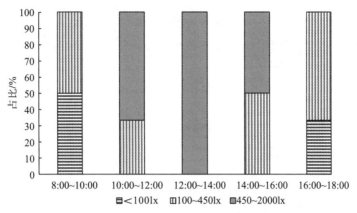

图 4.46　西向无遮阳房间室内照度分布

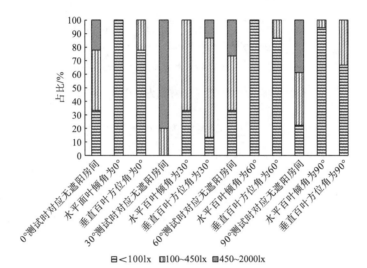

图 4.47　西向遮阳可利用天然光照度与无遮阳房间对比

　　设置水平百叶遮阳和垂直百叶遮阳两种形式室内太阳辐射在冬季阴雨天气情况下几乎没有差别。分别来看，水平百叶遮阳和垂直百叶遮阳相比无遮阳情况下室内太阳辐射幅度降低。

　　水平百叶遮阳对室内照度降低的幅度具体如表 4.18 所示。

表 4.18　水平百叶遮阳对室内照度降低幅度　　　　　　　　　　　　（单位：%）

遮阳形式	时段					平均值
	8:00～10:00	10:00～12:00	12:00～14:00	14:00～16:00	16:00～18:00	
水平百叶倾角为 0°	77.45	39.12	39.34	42.78	38.63	47.46
水平百叶倾角为 30°	85.26	40.59	40.46	42.81	44.67	50.76
水平百叶倾角为 60°	95.73	79.36	79.89	81.30	79.47	83.15
水平百叶倾角为 90°	91.21	84.43	88.52	89.03	90.43	88.72
平均值	87.41	60.88	62.05	63.98	63.30	—

　　进一步分析各时段遮阳设施对室内照度的降低幅度。从整体上看,在冬季阴雨天气下,各倾角各时段水平百叶遮阳相比无遮阳的室内照度降低幅度在40%～95%,远高于南向水平活动遮阳,如图4.48所示。

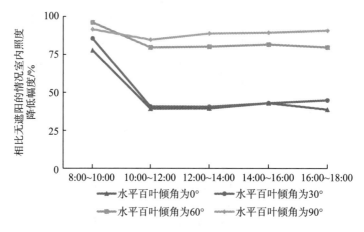

图4.48　水平百叶遮阳对室内照度降低幅度

　　从百叶倾角来看,西向水平百叶遮阳对室内照度的降低幅度随着百叶水平倾角的增大而增加,其中水平倾角为90°时最大,相比无遮阳时降低了88.72%;水平倾角为0°时最小,降低了47.46%。60°和90°对室内照度的降低幅度明显大于其余角度。

　　分时段来看,四种不同倾角下,在8:00～10:00时段对室内照度的降低幅度最大,达到了87.41%,可能由于在该时段,西向的照度基数低。在其余各时段的调控效果差别不大,维持在60%左右。

　　垂直百叶遮阳对室内照度降低的幅度具体如表4.19所示。

表4.19　垂直百叶遮阳对室内照度降低幅度　　　　　　　　　　　　　　（单位：%）

遮阳形式	时段					平均值
	8:00～10:00	10:00～12:00	12:00～14:00	14:00～16:00	16:00～18:00	
垂直百叶方位角为0°	66.45	24.36	27.96	39.96	35.39	38.82
垂直百叶方位角为30°	75.60	35.46	41.25	35.80	47.58	47.14
垂直百叶方位角为60°	83.76	75.87	72.16	76.39	78.61	77.36
垂直百叶方位角为90°	83.24	75.63	79.96	78.32	84.43	80.32
平均值	77.26	52.83	55.33	57.62	61.50	—

　　从整体上看,在冬季阴雨天气下,各倾角各时段西向垂直百叶遮阳相比无遮阳的室内照度降低幅度在20%～90%,如图4.49所示。

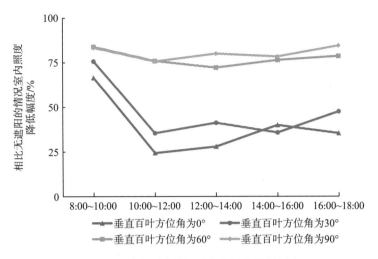

图 4.49　垂直百叶遮阳对室内照度降低幅度

从百叶倾角来看,西向垂直百叶遮阳对室内照度的降低幅度随着百叶方位角的增大而增加,其中方位角为 90° 时最大,相比无遮阳时降低了 80.32%;方位角为 0° 时最小,降低了 38.82%。60° 和 90° 对室内照度的降低幅度明显大于其余角度。

分时段来看,四种不同倾角下,在 12:00~14:00 时段对室内照度的降低幅度最大,达到了 77.26%,在其余各时段的调控效果差别不大,维持在 50%~60%。

由于在冬季阴雨天气下,天然光本就难以满足室内照度需求,而百叶遮阳对室内光环境的影响极为不利。但两种遮阳形式在遮阳角度 30° 以下时,对室内照度的降低幅度已明显降低了,此时继续减小角度已对室内光环境无明显增益,如在 30° 以下时结合光伏发电情况来考虑能获得更好的效益。

4.3.4　西向阴间多云天气室内光热环境的影响效果分析

在冬季阴间多云天气情况下测试时,西向百叶遮阳角度情况如表 4.20 所示。

表 4.20　西向冬季阴间多云天气情况及百叶遮阳角度

日期	水平百叶水平倾角/(°)	垂直百叶方位角/(°)	太阳辐照量/(MJ/m²)	直射辐射占比/%	日照时数/h	天气情况	气温/℃
1月8日	90	90	8.22	31.56	4.23	阴间多云	3~8
1月12日	60	60	8.98	33.11	4.04	阴间多云	3~13
1月14日	30	30	9.27	36.04	5.13	阴间多云	4~12
1月11日	0	0	9.46	34.76	4.77	阴间多云	4~11

注:方位角 0° 为正南方向,90° 为正西方向。

1. 室内热环境基本情况及遮阳的影响

图 4.50~图 4.53 为西向百叶活动遮阳不同百叶倾角下室内太阳辐照度与无遮阳、室外太阳辐照度变化曲线。

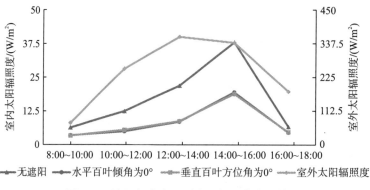

图 4.50   遮阳角度为 0°时太阳辐照度变化情况

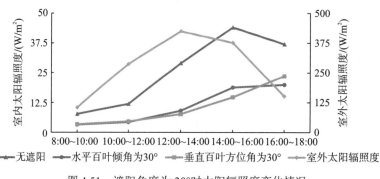

图 4.51   遮阳角度为 30°时太阳辐照度变化情况

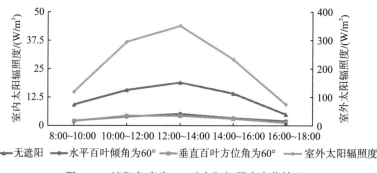

图 4.52   遮阳角度为 60°时太阳辐照度变化情况

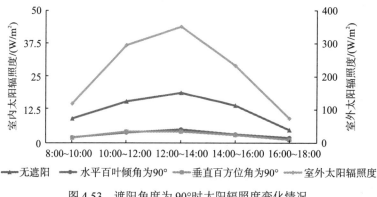

图 4.53   遮阳角度为 90°时太阳辐照度变化情况

从以上图中可以看出，在冬季阴间多云天气下，西向室内太阳辐照度变化规律与室外太阳辐射变化不大一致。由于此天气条件不稳定，下午时段房间可能受到西向太阳直射的影响，房间太阳辐射峰值出现在 14:00～16:00 时段。从变化幅度来看，当不受西向太阳直射影响时，设置西向百叶遮阳的室内太阳辐照度变化趋势近乎呈一条水平直线，波动极小。无遮阳室内太阳辐照度随室外太阳辐射变化波动也在 20W/m^2 以内。当受到西向太阳直射影响时，西向无遮阳室内在 14:00～16:00 时段达到峰值 45W/m^2 左右，设置遮阳的室内太阳辐照度也出现明显起伏。

从无遮阳和设置两种形式遮阳房间的室内太阳辐照度差值来看，西向两种形式外遮阳在所有时段均能发挥对太阳辐射的阻挡作用，其中在下午时段作用最为明显。总体来说，在冬季阴间多云天气下，下午时刻太阳直射对房间的热环境是有益的，此时应尽可能避免对太阳直射的阻挡。

可以看到，设置水平百叶遮阳和垂直百叶遮阳两种形式，室内太阳辐射在冬季阴间多云天气情况下也几乎没有差别。下面分别分析水平百叶遮阳和垂直百叶遮阳相比无遮阳情况下室内太阳辐射降低幅度。

水平百叶遮阳对室内太阳辐射降低的幅度具体如表 4.21 所示。

表 4.21　水平百叶遮阳对室内太阳辐射降低幅度　　　　　　　　（单位：%）

遮阳形式	时段					平均值
	8:00～10:00	10:00～12:00	12:00～14:00	14:00～16:00	16:00～18:00	
水平百叶倾角为 0°	45.00	59.90	60.98	48.84	31.82	49.31
水平百叶倾角为 30°	58.22	64.10	68.73	57.29	46.10	58.89
水平百叶倾角为 60°	77.14	75.03	72.98	76.89	59.67	72.34
水平百叶倾角为 90°	82.35	82.62	84.77	87.61	81.74	83.82
平均值	65.68	70.41	71.87	67.66	54.83	—

从整体上来，在冬季阴间多云天气下，各倾角各时段西向水平百叶遮阳对太阳辐射的阻挡效果在 30%～90%，如图 4.54 所示。

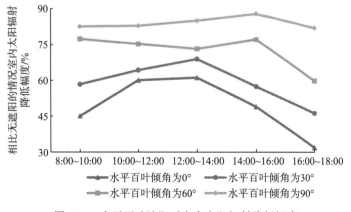

图 4.54　水平百叶遮阳对室内太阳辐射降低幅度

　　从百叶倾角来看，西向水平百叶遮阳对太阳辐射的阻挡效果随着百叶水平倾角的增大而增加，其中水平倾角为 90° 即遮阳完全关闭时最大，相比无遮阳时降低了 83.82%；水平倾角为 0° 即遮阳完全打开时最大，降低了 49.31%，与冬季阴雨天气下效果近乎相同。

　　分时段来看，四种不同倾角下，在 12:00～14:00 时段的阻挡效果最佳为 71.87%，最差的是在 16:00～18:00 时段，为 54.83%，其余时段均维持在 60% 以上。与冬季阴雨天气下效果近乎相同。

　　此外，百叶水平倾角为 90° 时，全时段的遮挡效果波动较小，维持在 80%～90% 的高水平，遮挡效果最好。而百叶水平倾角为 0° 时的遮挡效果起伏较大，在 16:00～18:00 的遮挡作用相对较差，为 31.82%。

　　垂直百叶遮阳对室内太阳辐射降低的幅度具体如表 4.22 所示。

表 4.22　垂直百叶遮阳对室内太阳辐射降低幅度　　　　　　　　（单位：%）

遮阳形式	时段					平均值
	8:00～10:00	10:00～12:00	12:00～14:00	14:00～16:00	16:00～18:00	
垂直百叶方位角为 0°	46.72	55.73	60.02	50.45	29.74	48.53
垂直百叶方位角为 30°	56.25	61.63	73.68	66.50	36.14	58.84
垂直百叶方位角为 60°	78.45	72.55	77.36	78.74	74.28	76.28
垂直百叶方位角为 90°	77.18	80.92	82.38	82.22	78.42	80.22
平均值	64.65	67.71	73.36	69.48	54.65	—

　　对于西向垂直百叶遮阳，从整体上看，在冬季阴间多云天气下，各方位角各时段遮阳对太阳辐射的阻挡效果在 30%～90%，如图 4.55 所示。

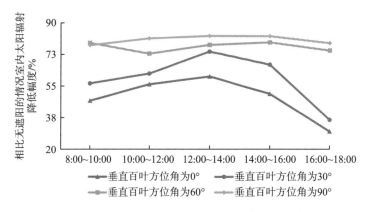

图 4.55　垂直百叶遮阳对室内太阳辐射降低幅度

　　从百叶方位角来看，西向垂直百叶遮阳对太阳辐射的阻挡效果随着方位角的增大而增加，其中方位角为 90°（正西）即遮阳完全关闭时最大，相比无遮阳时降低了 80.22%；方位角为 0°（正南）即遮阳完全打开时最小，降低了 48.53%。与冬季阴雨天气下效果近乎相同。

分时段来看，四种不同倾角下，在 12:00～14:00 时段的阻挡效果最佳，达到了 73.36%；最差的是在 16:00～18:00 时段，为 54.65%；其余时段均维持在 60% 以上，与冬季阴雨天气有略微差别。

此外百叶方位角为 60° 和 90° 时，全时段的遮挡效果波动较小，分别维持在 70%～80%、75%～85% 的高水平。而百叶方位角为 0° 和 30° 时的遮挡效果起伏较大，其在 16:00～18:00 的遮挡效果相对较差，均不足 40%。

西向两种遮阳形式对太阳辐射的阻挡效果整体上高于南向水平活动遮阳，且随角度的变化较为明显。因此，在应用遮阳设施时不能仅考虑光伏发电系统的运行效率，必须考虑遮阳设施对室内热环境的影响。

2. 室内光环境基本情况及遮阳的影响

图 4.56 为西向无遮阳房间在冬季阴间多云天气下的室内照度分布。从理论上讲，阴间多云天气条件不够稳定，西向房间的室内光环境基本情况与南向房间在下午时段会出现一定差别。从照度分布结构随时间变化来看，西向房间在下午 12:00～16:00 易受到太阳直射影响，因此在此时段自然光可利用率更高，但也因而存在过高照度带来的不舒适眩光的风险。从西向靠近窗口的照度分布来看，在下午时段因存在 50% 的测点照度大于 2000lx。因此，西向房间在冬季阴雨多云天气在需要扩大自然采光需求的同时，还要防范不舒适眩光带来的风险。

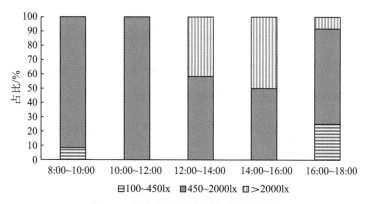

图 4.56　西向无遮阳房间室内照度分布

图 4.57 为不同百叶倾角下遮阳房间室内可利用天然光照度比例与相同测试条件下无遮阳房间的对比图。可以看出在设置遮阳措施之后，室内可利用天然光的比例降低程度明显。但从照度分布结构来看，西向遮阳在冬季阴间多云天气下，虽然在一定情况下降低了室内照度水平，但从某种程度上起到了调节不舒适眩光、优化照度分布结构的作用。

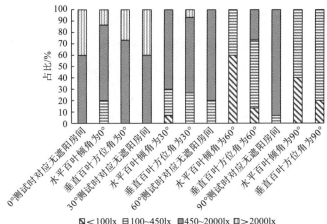

图 4.57　西向遮阳可利用天然光照度与无遮阳房间对比

下面分别来看水平百叶遮阳和垂直百叶遮阳相比无遮阳情况下室内太阳辐射降低幅度。水平百叶遮阳对室内照度降低的幅度具体如表 4.23 所示。

表 4.23　水平百叶遮阳对室内照度降低幅度　　　　　　　（单位：%）

遮阳形式	时段					平均值
	8:00～10:00	10:00～12:00	12:00～14:00	14:00～16:00	16:00～18:00	
水平百叶倾角为 0°	88.03	43.21	52.68	52.79	24.48	52.24
水平百叶倾角为 30°	78.40	51.71	57.28	55.85	52.50	59.15
水平百叶倾角为 60°	88.74	76.26	77.53	79.06	79.21	80.16
水平百叶倾角为 90°	90.04	89.32	88.00	87.72	85.47	88.11
平均值	86.30	65.13	68.87	68.86	60.42	—

从整体上看，在冬季阴间多云天气下，各倾角各时段水平百叶遮阳相比无遮阳的室内照度降低幅度在 20%～90%，如图 4.58 所示。

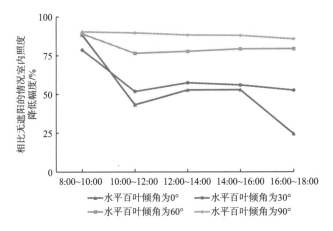

图 4.58　水平百叶遮阳对室内照度降低幅度

从百叶倾角来看,西向水平百叶遮阳对室内照度的降低幅度随着百叶水平倾角的增大而增加,其中水平倾角为 90°时最大,相比无遮阳时降低了 88.11%;水平倾角为 0°时最小,降低了 52.24%。60°和 90°对室内照度的降低幅度明显大于其余角度。

分时段来看,四种不同倾角下,在 8:00~10:00 时段对室内照度的降低幅度最大,达到了 86.30%。其中 0°和 30°时随时段变化较大,其中 0°时的波动范围最大。

垂直百叶遮阳对室内照度降低的幅度具体如表 4.24 所示。

表 4.24　垂直百叶遮阳对室内照度降低幅度　　　　　　　　　　　(单位:%)

遮阳形式	时段					平均值
	8:00~10:00	10:00~12:00	12:00~14:00	14:00~16:00	16:00~18:00	
垂直百叶方位角为 0°	78.76	19.35	26.83	19.56	26.10	34.12
垂直百叶方位角为 30°	63.16	31.98	50.59	59.06	47.22	50.40
垂直百叶方位角为 60°	59.98	47.52	49.71	56.71	60.68	54.92
垂直百叶方位角为 90°	83.39	77.40	76.29	79.26	76.45	78.56
平均值	71.32	44.06	50.86	53.65	52.61	——

从整体上看,在冬季阴间多云天气下,各倾角各时段西向垂直百叶遮阳相比无遮阳的室内照度降低幅度在 20%~90%,如图 4.59 所示。

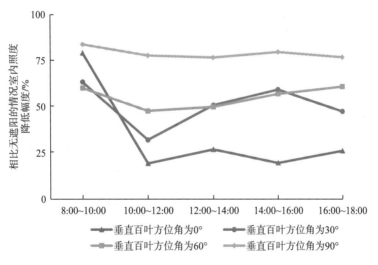

图 4.59　垂直百叶遮阳对室内照度降低幅度

从百叶倾角来看,西向垂直百叶遮阳对室内照度的降低幅度随着百叶方位角的增大而增加,其中方位角为 90°时最大,相比无遮阳时降低了 78.56%;方位角为 0°时最小,降低了 34.12%。90°对室内照度的降低幅度明显大于其余角度,0°时对室内照度的影响最小。

分时段来看,四种不同倾角下,8:00~10:00 时段对室内照度的降低幅度最大,达到了 71.32%。从其余时段来看,对室内照度的影响效果随时间变化波动不大。由于在冬季阴间多云天气下,天气状况不稳定,天然光在上午时段难以满足室内照度需求,在下午时段又可能出现太阳直射过多引起的自然眩光。因此，可合理利用百叶遮阳效果随角度的明显变化来调整对室内光环境的改善效果，以满足光环境的需求。

在冬季，重庆地区以阴雨和阴间多云天气为主，太阳辐射资源不足，且直射辐射比例低。因此，影响室内光热环境的主要因素来自散射辐射和天空扩散光。从室内光热环境基本情况来看，在冬季，无论南向房间还是西向房间，室内照度均处于较低水平，天然光可利用率低，室内对自然采光的需求强烈；室内太阳辐射水平低，波动较小，室内对太阳辐射热的需求也是多多益善。值得注意的是，在冬季阴间多云天气下，天气状况不稳定，西向房间在下午时段可能受太阳直射引起的不舒适眩光影响，须注意防范。

遮阳措施在冬季主要通过反射和吸收散射辐射来发挥作用，对室内光热环境均产生了不利影响，使室内太阳辐射和室内照度衰减均在30%～40%。其中水平活动遮阳对室内光热环境的不利影响较两种百叶遮阳小，且主要在12:00～14:00时段发挥作用，其作用效果随着百叶倾角的改变无显著变化；而水平百叶遮阳和垂直百叶遮阳对室内光热环境的影响在全时段均较大，且其遮阳效果随着百叶角度的改变而变化显著。百叶遮阳对室内照度调节范围更大，能够使室内照度衰减在20%～95%，使太阳辐射衰减在30%～90%。

在冬季，由于室内太阳辐射本身水平低，波动较小，遮阳对热环境的影响是有限的，因此应用遮阳设施时，应主要避免遮阳设施对自然采光的影响。对水平活动遮阳的应用可以考虑采用有利于其发挥最大发电效率的角度，对另外两种形式遮阳的合理应用则需要更多地考虑其对光热环境的影响。

4.4 夏季光伏活动式遮阳系统对室内光热环境的影响

夏季测试选取了2018年7～8月夏季典型晴朗天气4天、晴间多云天气4天进行测试，实验测试逐日天气情况及遮阳开启角度如表4.25所示。

表 4.25 夏季测试逐日天气情况及遮阳开启角度

日期	遮阳开启角度/(°)	太阳辐照量/(MJ/m²)	直射辐射占比/%	日照时数/h	天气情况	气温/℃
7月25日	0	14.61	28.37	5.82	晴间多云	30～39
8月26日	0	25.15	73.12	10.35	晴天	26～37
7月26日	30	15.44	45.14	4.93	晴间多云	27～36
8月21日	30	25.15	76.82	10.4	晴天	25～37
7月27日	60	15.39	49.71	5.01	晴间多云	29～38
8月18日	60	24.61	64.28	9.23	晴天	27～36
8月12日	90	15.36	48.11	5.43	晴间多云	26～37
7月28日	90	21.36	66.71	8.22	晴天	27～38

注：因不同遮阳形式百叶角度变化方式不同，此处统一用开启角度代替，后续具体分析时将分别说明。

4.4.1　南向晴间多云天气室内光热环境的影响效果分析

南向水平活动遮阳在夏季晴间多云天气情况测试时遮阳百叶水平倾角情况如表 4.26 所示。

表 4.26　南向夏季晴间多云天气情况及遮阳百叶水平倾角

日期	遮阳开启角度/(°)	太阳辐照量/(MJ/m²)	直射辐射占比/%	日照时数/h	天气情况	气温/℃
7 月 25 日	0	14.61	28.37	5.82	晴间多云	30～39
7 月 26 日	30	15.44	45.14	4.93	晴间多云	27～36
7 月 27 日	60	15.39	49.71	5.01	晴间多云	29～38
8 月 12 日	90	15.36	48.11	5.43	晴间多云	26～37

1. 室内热环境基本情况及遮阳的影响

图 4.60～图 4.63 为南向水平活动遮阳不同百叶水平倾角下室内太阳辐照度与无遮阳、室外太阳辐照度变化曲线。

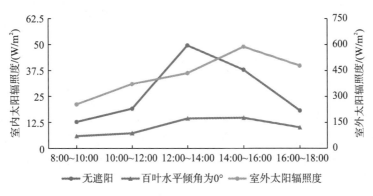

图 4.60　百叶水平倾角为 0°时太阳辐照度变化情况

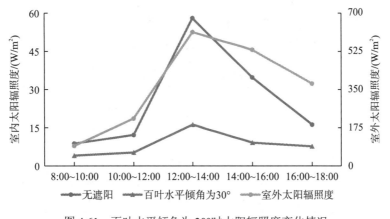

图 4.61　百叶水平倾角为 30°时太阳辐照度变化情况

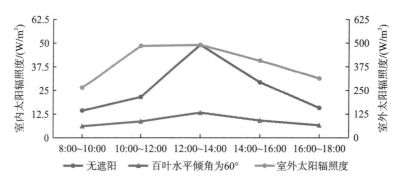

图 4.62　百叶水平倾角为 60°时太阳辐照度变化情况

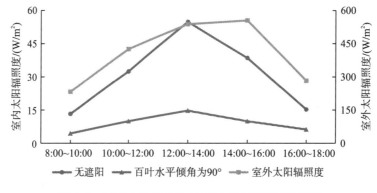

图 4.63　百叶水平倾角为 90°时太阳辐照度变化情况

从以上图中可以看出，夏季晴间多云天气下，随着室外太阳辐射的增加，室内太阳辐射也在更大的范围内变化。无遮阳的房间室内太阳辐照度在 $10\sim60\text{W/m}^2$ 范围内变化，在 $12:00\sim14:00$ 时段均超过 50W/m^2。设置水平活动遮阳的房间室内太阳辐照度仅在 20W/m^2 以内变化，也在 $12:00\sim14:00$ 时段达到最大值。相比冬季阴间多云天气，室内太阳辐照度提升了 2 倍左右，此时房间已不再需要更多的太阳辐射。

从无遮阳和设置遮阳房间的室内太阳辐照度差值来看，在 $10:00\sim16:00$，两者差值更大，此外的时段差值较小，表明南向水平活动式遮阳系统主要在 $10:00\sim16:00$ 时段发挥对太阳辐射的阻挡作用，其中在 $12:00\sim14:00$ 时段最为明显。

遮阳对室内太阳辐射降低的幅度具体如表 4.27 所示。

表 4.27　遮阳对室内太阳辐射降低幅度　　　　　　　　　　　　（单位：%）

遮阳形式	时段					平均值
	8:00~10:00	10:00~12:00	12:00~14:00	14:00~16:00	16:00~18:00	
水平倾角为 0°	53.63	61.85	70.99	61.19	44.27	58.39
水平倾角为 30°	54.03	57.06	72.05	73.83	52.88	61.97
水平倾角为 60°	57.15	59.84	72.97	68.88	58.11	63.39
水平倾角为 90°	66.69	69.41	73.15	74.21	59.30	68.55
平均值	57.88	62.04	72.29	69.53	53.64	—

　　进一步分析室内太阳辐射降低幅度。从整体上看，在夏季晴间多云天气下，各倾角各时段南向水平活动遮阳对太阳辐射的阻挡效果在 50%～80%，如图 4.64 所示。

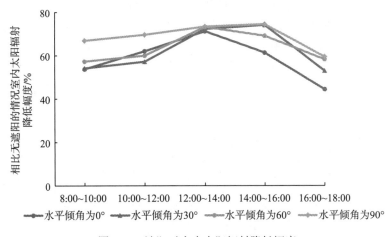

图 4.64　遮阳对室内太阳辐射降低幅度

　　从百叶倾角来看，南向水平活动遮阳对太阳辐射的阻挡效果随着百叶水平倾角的增大而增加，其中水平倾角为 90°时最大，相比无遮阳时降低了 68.55%；水平倾角为 0°时最小，降低了 58.39%。但这种差别仍然不够显著，相比于冬季，南向水平活动遮阳对室内热环境的影响更大，可能是由于夏季直射辐射占比逐渐增大。分时段来看，四种不同倾角下，在 12:00～14:00 时段的阻挡效果最佳，为 72.29%；最差的是在 16:00～18:00 时段，为 53.64%。

2. 室内光环境基本情况及遮阳的影响

　　图 4.65 为南向无遮阳房间在夏季晴间多云天气下的室内照度分布。整体上看，室内的照度在某些位置仍是不足的。但较冬季天气情况下，已有较大提升。在 10:00～16:00 时段，室内超过 50%的区域已完全可以依靠自然采光来满足室内照度需要，10%左右的区

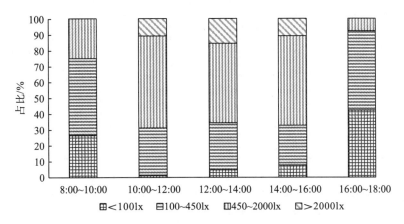

图 4.65　南向无遮阳房间室内照度分布

域甚至已经出现不舒适眩光。其余时段，绝大多数区域自然光照度也已达到可利用水平，但需结合人工照明来满足室内照度需求。总体来说，南向房间在夏季多云天气下，除了对自然采光仍有一定需求，已开始对改善自然眩光有一定需求。

图 4.66 为不同百叶倾角下遮阳房间室内可利用天然光照度比例与相同测试条件下无遮阳房间的对比图。图 4.66 反映出在夏季晴间多云天气下，南向房间室内采光效果良好。即使遮阳措施对室内照度有一定的影响，但从室内可利用天然光比例上来看，遮阳措施对其没有不利影响，从另一方面来说减少了大于 2000lx 时照度比例，对减少不舒适自然眩光有着积极作用。

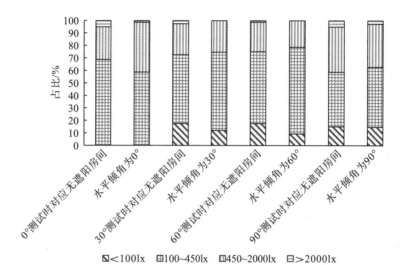

图 4.66　南向水平活动遮阳可利用天然光照度与无遮阳房间对比

遮阳对室内照度降低的幅度具体如表 4.28 所示。

表 4.28　遮阳对室内照度降低幅度　　　　　　　　　　　　　　　（单位：%）

遮阳形式	时段					平均值
	8:00～10:00	10:00～12:00	12:00～14:00	14:00～16:00	16:00～18:00	
水平倾角为 0°	23.44	29.30	31.76	24.63	25.55	26.94
水平倾角为 30°	25.21	26.30	37.73	31.21	22.63	28.62
水平倾角为 60°	26.64	31.19	42.83	31.08	20.34	30.42
水平倾角为 90°	20.10	31.27	41.61	34.26	25.21	30.49
平均值	23.85	29.52	38.48	30.30	23.43	—

从整体上看，在夏季晴间多云天气下，各倾角各时段南向水平活动遮阳相比无遮阳的室内照度降低幅度在 20%～40%，如图 4.67 所示。

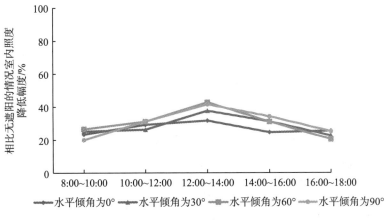

图 4.67　遮阳对室内照度降低幅度

从百叶倾角来看，南向水平活动遮阳对室内照度的降低幅度随着百叶水平倾角的增大而小幅增加，其中水平倾角为 90° 时最大，相比无遮阳时降低了 30.49%；水平倾角为 0° 时最小，降低了 26.64%。

分时段来看，四种不同倾角下，在 12:00～14:00 时段对室内照度的降低幅度最大，达到了 38.48%；最低的是在 8:00～10:00 和 16:00～18:00 时段，均在 23% 左右。与其他天气下相比，在夏季晴间多云天气下，遮阳对照度的影响随时段、角度的变化波动较小。

4.4.2　南向晴朗天气室内光热环境的影响效果分析

南向水平活动遮阳在夏季晴朗天气情况测试时遮阳百叶水平倾角情况如表 4.29 所示。

表 4.29　南向夏季晴朗天气情况及遮阳百叶水平倾角

日期	遮阳开启角度/(°)	太阳辐照量/(MJ/m²)	直射辐射占比/%	日照时数/h	天气情况	气温/℃
8 月 26 日	0	25.15	73.12	10.35	晴天	26～37
8 月 21 日	30	25.15	76.82	10.40	晴天	25～37
8 月 18 日	60	24.61	64.28	9.23	晴天	27～36
7 月 28 日	90	21.36	66.71	8.22	晴天	27～38

1. 室内热环境基本情况及遮阳的影响

图 4.68～图 4.71 为南向水平活动遮阳不同百叶水平倾角下室内太阳辐照度与无遮阳、室外太阳辐照度变化曲线。

从以上图中可以看出，夏季晴朗天气下，室内太阳辐射在较大的范围内变化。无遮阳的房间室内太阳辐照度在 10～80W/m² 范围内变化，在 12:00～14:00 时段均超过 65W/m²。设置水平活动遮阳的房间室内太阳辐照度仅在 20W/m² 以内变化，且没有明显的峰值出现。

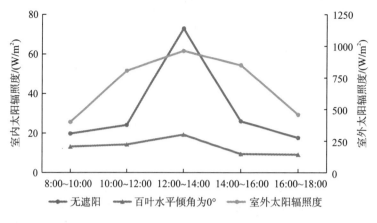

图 4.68　百叶水平倾角为 0°时太阳辐照度变化情况

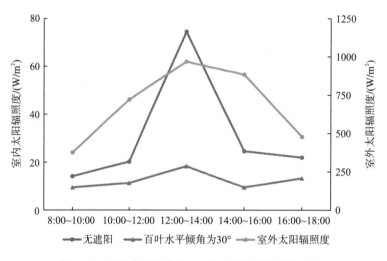

图 4.69　百叶水平倾角为 30°时太阳辐照度变化情况

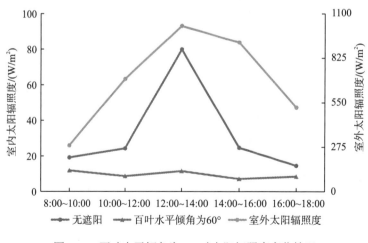

图 4.70　百叶水平倾角为 60°时太阳辐照度变化情况

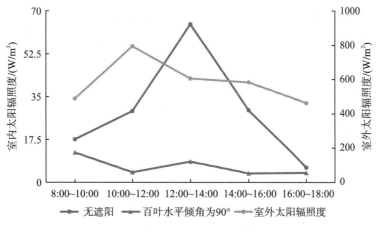

图 4.71　百叶水平倾角为 90°时太阳辐照度变化情况

从无遮阳和设置遮阳房间的室内太阳辐射差值来看，在 10:00～16:00，两者差值更大，尤其是在 12:00～14:00 时段，此外的时段差值较小，表明南向水平活动式遮阳系统主要在 10:00～16:00 时段发挥对太阳辐射的阻挡作用，其中在 12:00～14:00 时段最为明显。

遮阳对太阳辐射降低的幅度具体如表 4.30 所示。从整体上看，在夏季晴朗天气下，各倾角各时段南向水平活动遮阳对太阳辐射的阻挡效果在 30%～90%，如图 4.72 所示。

表 4.30　遮阳对太阳辐射降低幅度　　　　　　　　　　　　　　　（单位：%）

遮阳形式	时段					平均值
	8:00～10:00	10:00～12:00	12:00～14:00	14:00～16:00	16:00～18:00	
水平倾角为 0°	33.84	41.06	73.60	63.96	48.67	52.23
水平倾角为 30°	33.33	44.32	75.38	61.45	39.30	50.76
水平倾角为 60°	37.72	64.25	85.50	71.02	41.70	60.04
水平倾角为 90°	31.17	85.83	86.87	87.55	35.85	65.45
平均值	34.02	58.87	80.34	71.00	41.38	—

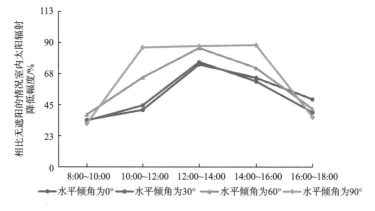

图 4.72　遮阳对室内太阳辐射降低幅度

从百叶倾角来看，南向水平活动遮阳对太阳辐射的阻挡效果随着百叶水平倾角的增大而增加，其中水平倾角为 90° 时最大，相比无遮阳时降低了 65.45%；水平倾角为 30° 时最小，降低了 50.76%。与之前阴间多云天气相比，阻挡效果增大。

分时段来看，四种不同倾角下，在 12:00～14:00 时段的阻挡效果最佳，达到了 80.34%；最差的是在 8:00～10:00 时段，为 34.02%。

2. 室内光环境基本情况及遮阳的影响

图 4.73 为南向无遮阳房间在夏季晴朗天气下的室内照度分布。整体上看，室内自然采光效果良好。全天室内超过 50% 的区域均可完全依靠自然采光来满足室内照度需要，全时段也均有不舒适眩光出现。总体来说，南向房间在夏季晴朗天气下，已开始对改善自然眩光有一定需求。

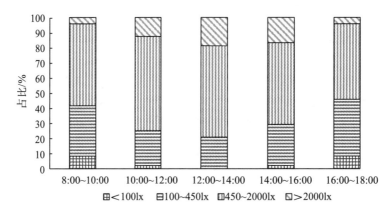

图 4.73　南向无遮阳房间室内照度分布

图 4.74 为不同百叶倾角下遮阳房间室内可利用天然光照度比例与相同测试条件下无遮阳房间的对比图。

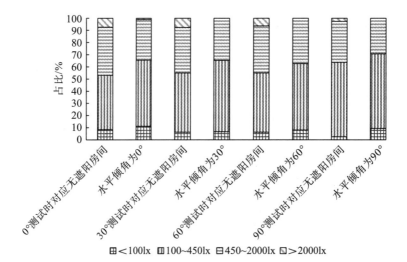

图 4.74　南向水平活动遮阳可利用天然光照度与无遮阳房间对比

从图 4.74 可以看出，夏季晴朗天气下，南向房间室内采光效果良好。即使遮阳措施对室内照度有一定的影响，但从室内可利用天然光比例来看，遮阳措施对其没有不利影响，从另一方面来说减少了 2000lx 的照度比例，对减少不舒适自然眩光有着积极作用。结合夏季晴间多云天气来看，南向房间室内照度超过 2000lx 的比例不足10%。

遮阳对室内照度降低的幅度具体如表 4.31 所示。

表 4.31　遮阳对室内照度降低的幅度　　　　　　　　　　　　　　（单位：%）

遮阳形式	时段					平均值
	8:00～10:00	10:00～12:00	12:00～14:00	14:00～16:00	16:00～18:00	
水平倾角为 0°	18.12	29.54	38.72	40.42	23.64	30.09
水平倾角为 30°	21.34	28.54	48.90	29.41	31.53	31.94
水平倾角为 60°	23.87	17.72	39.80	34.02	29.73	29.03
水平倾角为 90°	23.08	34.68	42.24	39.28	27.61	33.38
平均值	21.60	27.62	42.42	35.78	28.13	—

从整体上看，在夏季晴朗天气下，各倾角各时段南向水平活动遮阳相比无遮阳的室内照度降低幅度在 20%～50%，如图 4.75 所示。

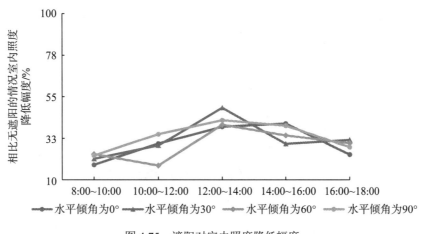

图 4.75　遮阳对室内照度降低幅度

从百叶倾角来看，南向水平活动遮阳对室内照度的降低幅度随着百叶水平倾角的增大变化不再明显。虽然水平倾角为 90°时仍最大（相比无遮阳时降低了 33.38%），水平倾角为 0°时仍最小（降低了 30.09%），但两者差值仅有 3%左右。

分时段来看，四种不同倾角下，在 12:00～14:00 时段对室内照度的降低幅度最大，达到了 42.42%；最低的是在 8:00～10:00 时段，降低幅度在 21.60%左右。

4.4.3 西向晴间多云天气室内光热环境的影响效果分析

在夏季晴间多云天气情况下测试时，西向百叶遮阳角度情况如表 4.32 所示。

表 4.32 西向夏季晴间多云天气情况及遮阳百叶角度

日期	水平百叶水平倾角/(°)	垂直百叶方位角/(°)	太阳辐照量/(MJ/m²)	直射辐射占比/%	日照时数/h	天气情况	气温/℃
7 月 25 日	90	90	14.61	28.37	5.82	晴间多云	30～39
7 月 26 日	60	60	15.44	45.14	4.93	晴间多云	27～36
7 月 27 日	30	30	15.39	49.71	5.01	晴间多云	29～38
8 月 12 日	0	0	15.36	48.11	5.43	晴间多云	26～37

注：方位角 0°为正南方向，90°为正西方向。

1. 室内热环境基本情况及遮阳的影响

图 4.76～图 4.79 为西向百叶活动遮阳不同百叶角度下室内太阳辐照度与无遮阳、室外太阳辐照度变化曲线。

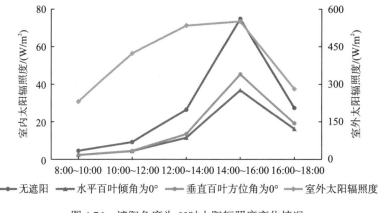

图 4.76 遮阳角度为 0°时太阳辐照度变化情况

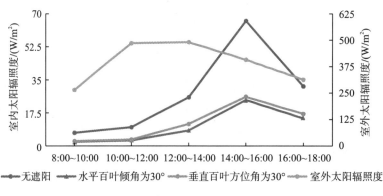

图 4.77 遮阳角度为 30°时太阳辐照度变化情况

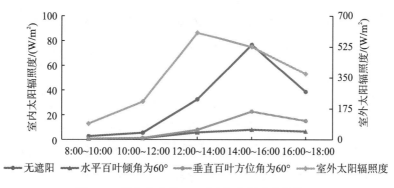

图 4.78　遮阳角度为 60°时太阳辐照度变化情况

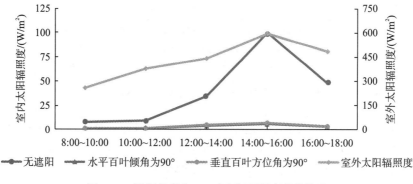

图 4.79　遮阳角度为 90°时太阳辐照度变化情况

从以上图中可以看出，在夏季晴间多云天气下，西向无遮阳的室内太阳辐照度在上午时段维持在较低水平；但由于太阳方位的变化，受到直射辐射的影响，在下午时段出现了剧烈增加，尤其是在 14:00～16:00 时段。

设置遮阳装置后，室内太阳辐照度明显降低，除了在 12:00～16:00 出现了小幅增加，基本上维持在较低的辐射水平。

从无遮阳和设置两种形式遮阳房间的室内太阳辐照度差值来看，在 12:00～18:00 太阳辐照度差值最大，此外的时段差值小，表明西向两种外遮阳主要在下午时段发挥作用。

水平百叶遮阳对室内太阳辐射降低的幅度具体如表 4.33 所示。

表 4.33　水平百叶遮阳对室内太阳辐射降低幅度　　　　　　　　　　（单位：%）

遮阳形式	时段					平均值
	8:00～10:00	10:00～12:00	12:00～14:00	14:00～16:00	16:00～18:00	
水平百叶倾角为 0°	50.00	52.28	56.48	50.84	41.01	50.12
水平百叶倾角为 30°	68.52	70.58	68.10	63.31	53.78	64.86
水平百叶倾角为 60°	78.60	80.79	81.98	89.47	82.72	82.71
水平百叶倾角为 90°	88.38	88.70	89.14	94.28	93.82	90.86
平均值	71.38	73.09	73.93	74.48	67.83	—

从整体上看，在夏季晴间多云天气下，各倾角各时段西向水平百叶遮阳对太阳辐射的阻挡效果在 40%～95%，如图 4.80 所示。

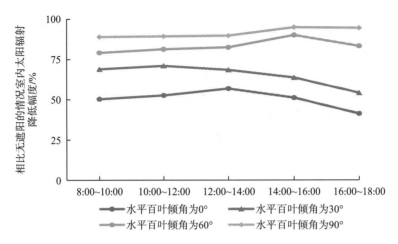

图 4.80　水平百叶遮阳对室内太阳辐射降低幅度

从百叶倾角来看，西向水平百叶遮阳对太阳辐射的阻挡效果随着百叶水平倾角的增大而增加，其中水平倾角为 90°时最大，相比无遮阳时降低了 90.86%；水平倾角为 0°时降低了 50.12%，即水平百叶遮阳对室内热环境的调控范围大。

分时段来看，水平百叶遮阳在全时段对太阳辐射均有较强的遮挡效果，对室内太阳辐射的降低幅度在 70%左右。

垂直百叶遮阳对室内太阳辐射降低的幅度具体如表 4.34 所示。

表 4.34　垂直百叶遮阳对室内太阳辐射降低幅度　　　　　　　　　　（单位：%）

遮阳形式	时段					平均值
	8:00～10:00	10:00～12:00	12:00～14:00	14:00～16:00	16:00～18:00	
垂直百叶方位角为 0°	49.70	50.96	49.23	39.51	30.03	43.89
垂直百叶方位角为 30°	63.52	65.69	64.75	60.69	46.30	60.19
垂直百叶方位角为 60°	75.28	76.33	75.59	70.35	60.67	71.64
垂直百叶方位角为 90°	87.50	87.90	86.44	93.25	93.15	89.65
平均值	69.00	70.22	69.00	65.95	57.54	—

从整体上看，在夏季晴间多云天气下，各倾角各时段西向垂直百叶遮阳对太阳辐射的阻挡效果在 30%～95%，如图 4.81 所示。

从百叶方位角来看，西向垂直百叶遮阳对太阳辐射的阻挡效果随着百叶方位角的增大而增加，其中方位角为 90°即遮阳完全关闭时最大，相比无遮阳时降低了 89.65%；方位角为 0°即遮阳完全打开时最大，降低了 43.89%。也就是说，垂直百叶遮阳对室内热环境的调控范围大。

分时段来看，垂直百叶遮阳在全时段对太阳辐射均有较强的遮挡效果，其在下午时段略有降低。相比于水平百叶遮阳，垂直百叶遮阳对室内太阳辐射的降低幅度略低。

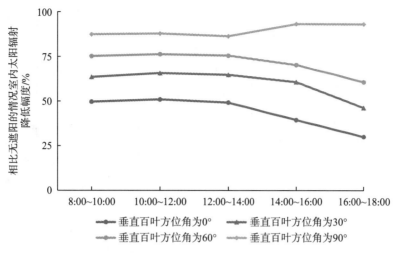

图 4.81　垂直百叶遮阳对室内太阳辐射降低幅度

2. 室内光环境基本情况及遮阳的影响

图 4.82 为西向无遮阳房间在夏季晴间多云天气下的室内照度分布。从理论上讲，夏季直射辐射比例显著上升，西向房间的室内光环境基本情况与南向房间在下午时段会出现一定差别。从照度分布结构随时间变化来看，西向房间在下午易受到太阳直射影响，存在过高照度带来的不舒适眩光的风险。从西向靠近窗口的照度分布来看，在 14:00~18:00 时段，室内照度均超过 2000lx。因此，西向房间在夏季晴间多云天气下，主要存在减少不舒适自然眩光的需求。

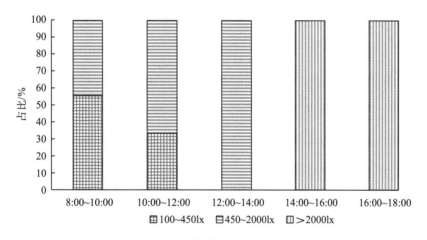

图 4.82　西向无遮阳房间室内照度分布

图 4.83 为不同百叶角度下遮阳房间室内可利用天然光照度比例与相同测试条件下无遮阳房间的对比图。由图可知，在夏季晴间多云天气下，西向房间的采光需求已经从提高室内可利用天然光照度比例向减少不舒适眩光改变，在未设置遮阳的西向房间室内照度超过 2000lx 的比例已经超过 40%。设置遮阳装置可以有效降低室内采光照度超过 2000lx 的

比例，且从照度分布来看，设置遮阳装置并不会影响室内基本的采光需求，即绝大多数时间可以完全依靠自然采光来满足室内照度需求。

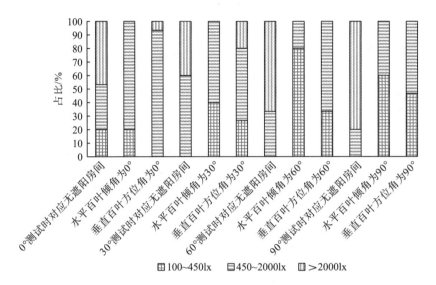

图 4.83　西向遮阳可利用天然光照度与无遮阳房间对比

水平百叶遮阳对室内照度降低的幅度具体如表 4.35 所示。

表 4.35　水平百叶遮阳对室内照度降低幅度　　　　　　　　　　　　（单位：%）

遮阳形式	时段					平均值
	8:00～10:00	10:00～12:00	12:00～14:00	14:00～16:00	16:00～18:00	
水平百叶倾角为 0°	43.93	45.38	46.21	38.32	14.24	37.62
水平百叶倾角为 30°	65.34	61.88	61.30	70.22	72.31	66.21
水平百叶倾角为 60°	89.32	90.71	89.13	83.60	81.70	86.89
水平百叶倾角为 90°	90.85	90.30	91.75	86.14	88.30	89.47
平均值	72.36	72.07	72.10	69.57	64.14	—

从整体上看，在夏季晴间多云天气下，各倾角各时段南向水平百叶遮阳相比无遮阳的室内照度降低幅度在 20%～90%，如图 4.84 所示。

从百叶倾角来看，西向水平百叶遮阳对室内照度的降低幅度随着百叶水平倾角的增大而增加，其中水平倾角为 90°时最大，相比无遮阳时降低了 89.47%；水平倾角为 0°时最小，降低了 37.62%。60°和 90°对室内照度的降低幅度明显大于其余角度，且两者差别不大。水平百叶遮阳对室内光环境的调控范围也较大。

分时段来看，水平百叶遮阳对室内照度的降低幅度随时段波动较小，在全时段均有较强的调控作用。其中 0°水平百叶遮阳在 16:00～18:00 时段的调控效果较差。

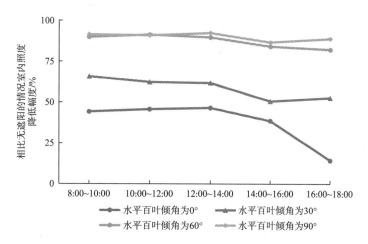

图 4.84　水平百叶遮阳对室内照度降低幅度

垂直百叶遮阳对室内照度降低的幅度具体如表 4.36 所示。

表 4.36　垂直百叶遮阳对室内照度降低幅度　　　　　　　　　　　　（单位：%）

遮阳形式	时段					平均值
	8:00～10:00	10:00～12:00	12:00～14:00	14:00～16:00	16:00～18:00	
垂直百叶方位角为 0°	28.76	29.35	26.83	19.56	26.10	26.12
垂直百叶方位角为 30°	47.22	49.06	50.59	44.98	43.19	47.01
垂直百叶方位角为 60°	53.68	50.52	53.71	56.71	49.68	52.86
垂直百叶方位角为 90°	73.39	77.40	76.29	79.26	76.45	76.56
平均值	50.76	51.58	51.86	50.13	48.86	—

从整体上看，在夏季晴间多云天气下，各倾角各时段西向垂直百叶遮阳相比无遮阳的室内照度降低幅度在 20%～80%，如图 4.85 所示。

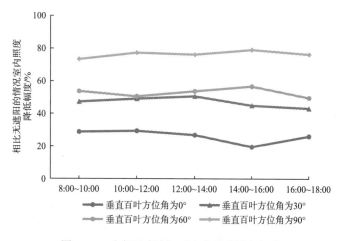

图 4.85　垂直百叶遮阳对室内照度降低幅度

从百叶倾角来看，西向垂直百叶遮阳对室内照度的降低幅度随着百叶方位角的增大而增大。其中方位角为 90°时最大，相比无遮阳时降低了 76.56%；方位角为 0°时最小，降低了 26.12%。垂直百叶遮阳对室内光环境的调控范围也较大。方位角为 30°和 60°时的作用效果较为接近。

分时段来看，垂直百叶遮阳对室内照度的降低幅度随时段波动较小，在全时段均有较强的调控作用，平均在 50%。与水平百叶遮阳相比，垂直百叶遮阳对室内照度的降低幅度较低。

4.4.4　西向晴朗天气室内光热环境的影响效果分析

在夏季晴朗天气情况下测试时，西向百叶遮阳角度情况如表 4.37 所示。

表 4.37　西向夏季晴朗天气情况及遮阳百叶角度

日期	水平百叶水平倾角/(°)	垂直百叶方位角/(°)	太阳辐照量/(MJ/m²)	直射辐射占比/%	日照时数/h	天气情况	气温/℃
8月26日	90	90	25.15	73.12	10.35	晴天	26~37
8月21日	60	60	25.15	76.82	10.40	晴天	25~37
8月18日	30	30	24.61	64.28	9.23	晴天	27~36
7月28日	0	0	21.36	66.71	8.22	晴天	27~38

注：方位角 0°为正南方向，90°为正西方向。

1. 室内热环境基本情况及遮阳的影响

图 4.86～图 4.89 为西向百叶活动遮阳不同百叶角度下室内太阳辐照度与无遮阳、室外太阳辐照度变化曲线。

从以上图中可以看出，夏季晴朗天气下与晴间多云天气下的室内太阳辐照度变化相似。室内太阳辐照度在上午时段维持在较低水平；但由于太阳方位的变化，受到直射辐射的影响，在下午时段出现了剧烈增加，尤其是在 14:00～16:00 时段。

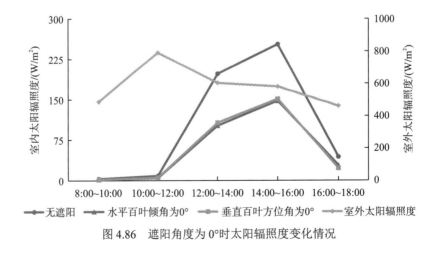

图 4.86　遮阳角度为 0°时太阳辐照度变化情况

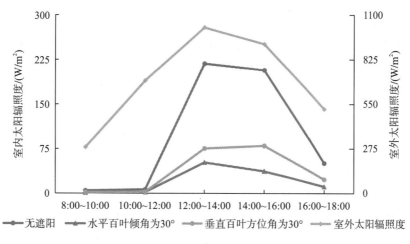

图 4.87　遮阳角度为 30°时太阳辐照度变化情况

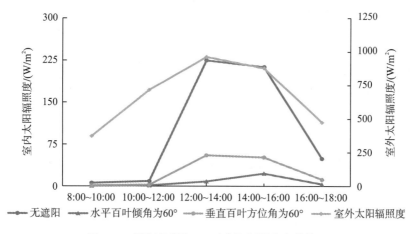

图 4.88　遮阳角度为 60°时太阳辐照度变化情况

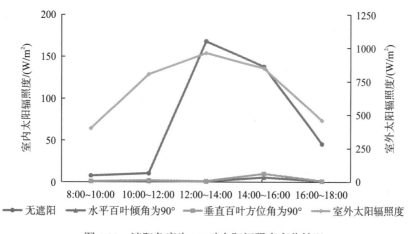

图 4.89　遮阳角度为 90°时太阳辐照度变化情况

　　设置遮阳装置后，室内太阳辐照度明显降低，除了在 12:00～16:00 出现小幅增加，基本上维持在较低的辐射水平。

从无遮阳和设置两种形式遮阳房间的室内太阳辐照度差值来看，在12:00~18:00太阳辐照度差值最大，此外的时段差值较小，表明西向两种外遮阳主要在下午时段发挥作用。两种遮阳形式在30°和60°工况下的调控效果有明显差距。

水平百叶遮阳对室内太阳辐射降低的幅度具体如表4.38所示。

表4.38   水平百叶遮阳对室内太阳辐射降低幅度   （单位：%）

遮阳形式	时段					平均值
	8:00~10:00	10:00~12:00	12:00~14:00	14:00~16:00	16:00~18:00	
水平百叶倾角为0°	48.89	46.44	48.62	41.59	35.72	44.25
水平百叶倾角为30°	76.62	70.78	76.22	82.04	77.33	76.60
水平百叶倾角为60°	89.68	84.14	96.19	89.29	92.55	90.37
水平百叶倾角为90°	88.24	89.12	99.64	96.03	98.00	94.21
平均值	75.86	72.62	80.17	77.24	75.90	—

从整体上看，在夏季晴朗天气下，各倾角各时段西向水平百叶遮阳对太阳辐射的阻挡效果在35%以上，如图4.90所示。

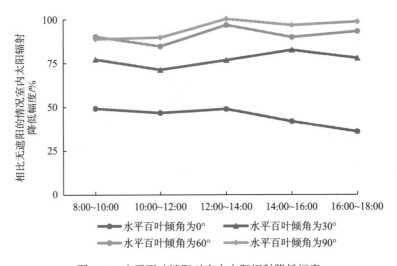

图4.90   水平百叶遮阳对室内太阳辐射降低幅度

从百叶倾角来看，西向水平百叶遮阳对太阳辐射的阻挡效果随着百叶水平倾角的增大而增加，其中水平倾角为90°即遮阳完全关闭时最大，相比无遮阳时降低了94.21%；水平倾角为0°即遮阳完全打开时最大，降低了44.25%。

分时段来看，遮阳在全时段均对太阳辐射有较强的阻挡作用，其在12:00~14:00时段效果最佳，遮挡了超过80%的太阳辐射。

垂直百叶遮阳对室内太阳辐射降低的幅度具体如表4.39所示。

表 4.39 垂直百叶遮阳对室内太阳辐射降低幅度 （单位：%）

遮阳形式	时段					平均值
	8:00~10:00	10:00~12:00	12:00~14:00	14:00~16:00	16:00~18:00	
垂直百叶方位角为 0°	48.51	38.44	45.85	40.21	48.18	44.24
垂直百叶方位角为 30°	60.04	65.40	65.49	61.42	53.80	61.23
垂直百叶方位角为 60°	74.60	71.84	75.52	75.84	75.82	74.72
垂直百叶方位角为 90°	88.24	82.69	99.46	92.72	97.99	92.22
平均值	67.85	64.59	71.58	67.55	68.95	—

从整体上看，在夏季晴朗天气下，各倾角各时段西向垂直百叶遮阳对太阳辐射的阻挡效果也在 35%以上，如图 4.91 所示。

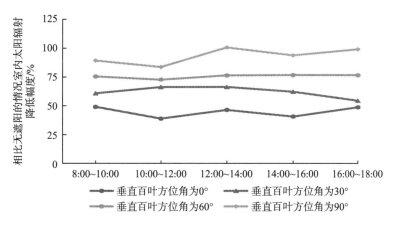

图 4.91 垂直百叶遮阳对室内太阳辐射降低幅度

从百叶倾角来看，西向垂直百叶遮阳对太阳辐射的阻挡效果随着百叶方位角的增大而增加，其中水平倾角为 90°即遮阳完全关闭时最大，相比无遮阳时降低了 92.22%；水平倾角为 0°即遮阳完全打开时最大，降低了 44.24%。

遮阳在全时段均对太阳辐射有较强的阻挡效果，其在 12:00~14:00 时段最佳，遮挡了超过 70%的太阳辐射。较之水平百叶遮阳，垂直百叶遮阳的遮阳效果略差。

2. 室内光环境基本情况及遮阳的影响

图 4.92 为西向无遮阳房间在夏季晴朗天气下的室内照度分布。从理论上讲，夏季直射辐射比例显著上升，西向房间的室内光环境基本情况与南向房间在下午时段会出现一定差别。从照度分布结构随时间变化来看，西向房间在下午易受到太阳直射影响，存在过高照度带来的不舒适眩光的风险。从西向靠近窗口的照度分布来看，在下午 12:00~18:00 时段，室内照度均超过 2000lx。因此，西向房间在夏季晴朗天气下，主要存在减少不舒适自然眩光的需求。

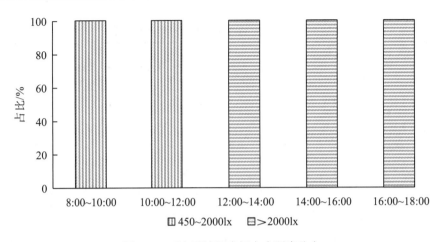

图 4.92　西向无遮阳房间室内照度分布

　　图 4.93 为不同百叶角度下遮阳房间室内可利用天然光照度比例与相同测试条件下无遮阳房间的对比图。由图可知，在夏季晴朗天气下，西向房间的采光需求为减少不舒适眩光，即降低大于 2000lx 的照度比例。在未设置遮阳的西向房间室内照度超过 2000lx 的比例已经超过 50%。设置遮阳装置可以有效降低室内采光照度超过 2000lx 的比例，且从照度分布来看，设置遮阳装置并不会影响室内基本的采光需求，即绝大多数时间可以完全依靠自然采光来满足室内照度需求。

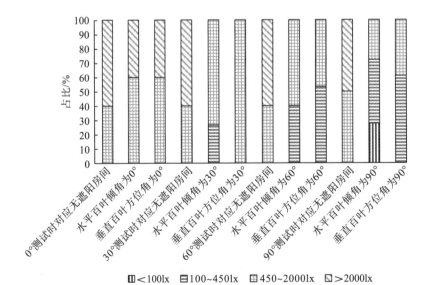

图 4.93　西向遮阳可利用天然光照度与无遮阳房间对比

　　水平百叶遮阳对室内照度降低的幅度具体如表 4.40 所示。

表 4.40　水平百叶遮阳对室内照度降低幅度　　　　　　　　　　（单位：%）

遮阳形式	时段					平均值
	8:00~10:00	10:00~12:00	12:00~14:00	14:00~16:00	16:00~18:00	
水平百叶倾角为 0°	32.59	34.95	35.09	33.99	31.04	33.53
水平百叶倾角为 30°	72.70	74.64	71.71	63.98	60.38	68.68
水平百叶倾角为 60°	77.61	83.24	86.56	78.01	75.42	80.17
水平百叶倾角为 90°	90.17	92.83	93.42	83.27	85.94	89.13
平均值	68.27	71.42	71.70	64.81	63.20	—

从整体上看，在夏季晴朗天气下，各倾角各时段西向水平百叶遮阳相比无遮阳的室内照度降低幅度在 30%~90%，如图 4.94 所示。

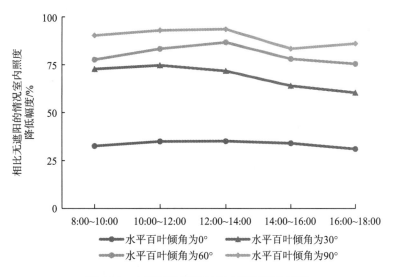

图 4.94　水平百叶遮阳对室内照度降低幅度

从百叶倾角来看，西向水平百叶遮阳对室内照度的降低幅度随着百叶水平倾角的增大而增加，其中水平倾角为 90° 时最大，相比无遮阳时降低了 89.13%；水平倾角为 0° 时最小，降低了 33.53%。

分时段来看，水平百叶遮阳在全时段对室内照度均有较大的遮挡作用，其在 12:00~14:00 时段对室内照度的影响最大，使室内照度降低了超过 70%。其作用效果与晴间多云天气无明显差别。 垂直百叶遮阳对室内照度降低的幅度具体如表 4.41 所示。

从整体上看，在夏季晴朗天气下，各倾角各时段西向垂直百叶遮阳相比无遮阳的室内照度降低幅度在 25%~90%，如图 4.95 所示。

从百叶倾角来看，西向垂直百叶遮阳对室内照度的降低幅度随着百叶方位角的增大而增加，其中方位角为 90° 时最大，相比无遮阳时降低了 83.72%；方位角为 0° 时最小，降低了 30.63%。0° 和 30° 时对室内照度的影响远小于 90° 时，在下午时段两种工况调控作用更为接近。

表 4.41　垂直百叶遮阳对室内照度降低幅度　　　　　　　　　　（单位：%）

遮阳形式	时段					平均值
	8:00~10:00	10:00~12:00	12:00~14:00	14:00~16:00	16:00~18:00	
垂直百叶方位角为0°	33.84	33.54	28.85	30.82	26.10	30.63
垂直百叶方位角为30°	53.29	51.77	41.87	39.12	34.89	44.19
垂直百叶方位角为60°	68.35	68.87	70.39	66.60	61.07	67.06
垂直百叶方位角为90°	83.73	84.13	85.77	85.90	79.07	83.72
平均值	59.80	59.58	56.72	55.61	50.28	—

　　分时段来看，西向垂直百叶遮阳对室内照度的降低幅度在全天内波动较小，维持在55%左右，其对室内照度的降低幅度小于西向水平百叶遮阳。

　　在夏季，重庆地区以晴朗和晴间多云天气为主，太阳辐射资源充足，且直射辐射也逐渐增大。因此，散射辐射和直射辐射均对室内光热环境产生较大的影响。

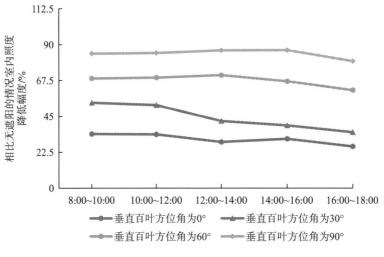

图 4.95　垂直百叶遮阳对室内照度降低幅度

　　从室内光热环境基本情况来看，在夏季，无论是南向房间还是西向房间，室内自然采光良好，且已出现不舒适眩光。尤其是在下午时段，西向房间受到太阳直射影响，眩光现象更为严重；而室内太阳辐射热进一步增大，如果不采用遮阳措施，则会对室内热环境不利。

　　遮阳措施在夏季对光热环境的影响是有利的。虽然遮阳设施在一定程度上降低了室内照度水平，却也能改善自然眩光。其中水平活动遮阳对室内照度的阻挡变得较小，且起到优化室内照度分布结构的作用，这种作用效果随着百叶倾角的改变虽无显著变化，但其对太阳辐射的阻挡变得更大，也更加符合夏季室内对减少太阳辐射热的需求。其对热环境作用效果随着百叶倾角的改变也出现略微变化，但总体来说其对光热环境的调控范围较小，更适合做成固定式的遮阳。而水平百叶遮阳和垂直百叶遮阳对室内光热环境的影响在全时段均较大，且其遮阳效果随着百叶角度的改变而变化显著。因此，在夏季应用遮阳设施时，应主要避免对自然眩光、过高的太阳辐射热对室内光热环境产生的影响。对于水平活动遮阳，可以充分利用夏季充足的太阳辐射来发电，而西向两种遮阳形式在应用时则应更多地考虑室内环境需求。

4.5 光伏活动式遮阳系统运行效果分析

4.5.1 冬季运行效果分析

1. 三种遮阳形式整体发电量分析

前面通过分析太阳辐射数据，得出重庆地区冬季以阴雨及阴间多云天气为主，本次冬季测试数据，均在阴雨及阴间多云天气下测得，结果如表 4.42 所示。

表 4.42 测试情况数据表

日期	遮阳开启角度/(°)	太阳辐照量/(MJ/m²)	直射辐射占比/%	南向水平活动遮阳发电量/kWh	西向水平百叶遮阳发电量/kWh	西向垂直百叶遮阳发电量/kWh
1 月 6 日	0	2.30	3.86	0.16	0.31	0.24
1 月 8 日	0	8.22	31.56	0.72	1.24	0.98
1 月 7 日	30	1.34	5.26	0.12	0.42	0.33
1 月 12 日	30	8.98	33.11	0.79	1.14	0.90
1 月 17 日	60	4.38	2.33	0.48	0.20	0.16
1 月 14 日	60	9.27	36.04	0.70	0.80	0.62
1 月 15 日	90	1.36	4.63	0.09	0.24	0.18
1 月 11 日	90	9.46	34.76	0.15	0.63	0.49

南向水平活动遮阳、西向水平百叶遮阳、西向垂直百叶遮阳的日平均发电量分别为 0.40kWh、0.62kWh、0.49kWh，单位面积组件发电量分别为 0.030kWh/m²、0.031kWh/m²、0.029kWh/m²。接下来将对三种遮阳形式分时段、分角度运行效果进行讨论。

2. 南向水平遮阳系统

测试一共选取了 4 个角度，每个角度进行了 2 天的测试，分别在阴天和阴间多云的天气下进行。

如图 4.96 和图 4.97 所示，从整体上看，南向水平活动遮阳在冬季阴雨和阴间多云天气下发电量差距较大，主要受太阳辐照度变化的影响，光伏发电系统发电量在低辐射天气下与太阳辐照度成正比。而在相同辐射条件下，水平倾角为 90°时的发电能力差于其余角度，0°～60°时的发电能力略强，整体上在冬季随角度变化不明显。而从时段来看，在12:00～14:00 时段的发电能力强于其他时段，全天的发电量整体波动较小，处于低位水平。具体数据如表 4.43 和表 4.44 所示。

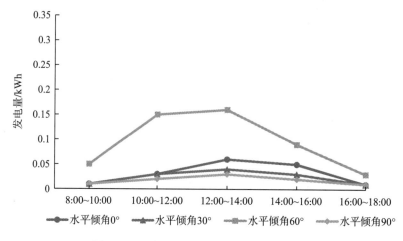

图 4.96　南向水平活动遮阳阴雨天气发电量

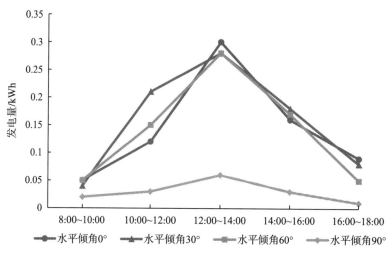

图 4.97　南向水平活动遮阳阴间多云天气发电量

表 4.43　阴雨天气单扇遮阳发电功率　　　　　　　　　　（单位：W）

测试时段	水平倾角 0°	水平倾角 30°	水平倾角 60°	水平倾角 90°
8:00～10:00	0.71	0.71	3.57	0.71
10:00～12:00	2.14	2.14	10.71	1.43
12:00～14:00	4.29	2.86	11.43	2.14
14:00～16:00	3.57	2.14	6.43	1.43
16:00～18:00	0.71	0.71	2.14	0.71

表 4.44　阴间多云天气单扇遮阳发电功率　　　　　　　　　　　（单位：W）

测试时段	水平倾角 0°	水平倾角 30°	水平倾角 60°	水平倾角 90°
8:00～10:00	3.57	2.86	3.57	1.43
10:00～12:00	8.57	15.00	10.71	2.14
12:00～14:00	21.43	20.00	20.00	4.29
14:00～16:00	11.43	12.86	12.14	2.14
16:00～18:00	6.43	5.71	3.57	0.71

从单扇遮阳发电功率来看，现行国家标准《建筑照明设计标准》（GB 50034—2013）中要求对办公室照明功率密度的目标值为 8W/m²，按照这个目标值反算实验房间照明功率需求为 172W，以这个值对光伏发电系统发电功率进行评价。南向水平活动遮阳系统在冬季不能提供稳定的发电量，以补充室内人工照明需求，发电能力差，即使一天的发电量累计，都不能满足 1 小时的室内照明需求。

3. 西向水平百叶遮阳

西向遮阳系统在冬季下午时段接收到更多的太阳直射辐射，因而下午时段有更强的发电功率。图 4.98 和图 4.99 分别为阴天和阴间多云天气的日发电量变化图。

从整体上看，西向水平百叶遮阳在冬季阴雨和阴间多云天气下发电量受太阳辐射影响差别较大，因为冬季直射辐射比例极低，西向水平百叶遮阳并没有在下午阶段出现发电量显著上升的情况。在阴雨天气下，发电量全时段均处于较低水平，在下午时段发电量略有上升；在阴间多云天气下，发电量在 12:00～14:00 时段有明显的升高。各种角度下的水平百叶遮阳系统，发电量差值主要体现在下午时段，90°时最大，60°时次之，30°时再次之，0°时最小，具体数据如表 4.45 和表 4.46 所示。

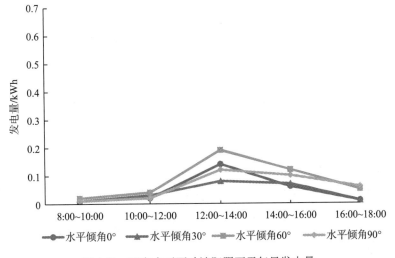

图 4.98　西向水平百叶遮阳阴雨天气日发电量

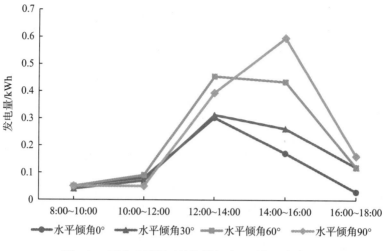

图 4.99　西向水平百叶遮阳阴间多云天气日发电量

表 4.45　阴雨天气单扇遮阳发电功率　　　　　　　　　　　　　（单位：W）

测试时段	水平倾角 0°	水平倾角 30°	水平倾角 60°	水平倾角 90°
8:00～10:00	1.25	1.25	2.50	1.25
10:00～12:00	2.50	3.75	5.00	2.50
12:00～14:00	17.50	10.00	23.75	15.00
14:00～16:00	7.50	8.75	15.00	12.50
16:00～18:00	1.25	1.25	6.25	7.50

表 4.46　阴间多云天气单扇遮阳发电功率　　　　　　　　　　　（单位：W）

测试时段	水平倾角 0°	水平倾角 30°	水平倾角 60°	水平倾角 90°
8:00～10:00	3.57	2.86	3.57	3.57
10:00～12:00	5.71	5.00	6.43	3.57
12:00～14:00	21.43	22.14	32.14	27.86
14:00～16:00	12.14	18.57	30.71	42.14
16:00～18:00	2.14	8.57	8.57	11.43

　　从单扇遮阳发电功率来看，在相同辐射水平下，60°是该遮阳形式光伏发电系统提供发电功率最高的角度，而 12:00～14:00 和 14:00～16:00 时段是光伏发电系统提供发电功率相对较高的时段。以 172W 功率值对光伏发电系统发电功率进行评价，西向水平百叶遮阳系统也不能在冬季匹配足够的发电功率来满足室内人工照明需求。

4. 西向垂直百叶遮阳

　　西向遮阳系统在冬季下午时段接收到更多的太阳直射辐射，因而下午时段有更强的发电功率。图 4.100 和图 4.101 分别为阴雨和阴间多云天气的日发电量变化图。

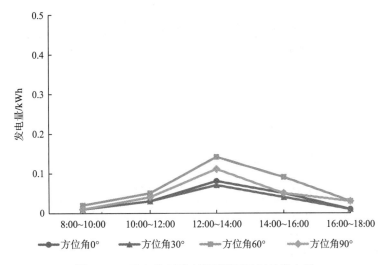

图 4.100   西向垂直百叶遮阳阴雨天气日发电量

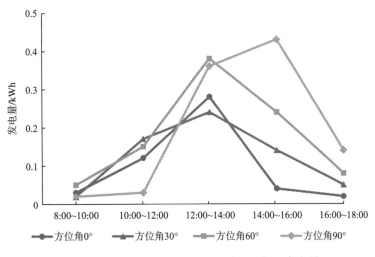

图 4.101   西向垂直百叶遮阳阴间多云天气日发电量

从整体上看,西向垂直百叶遮阳在冬季阴雨和阴间多云天气下发电量受太阳辐射影响差别较大,由于冬季直射辐射比例极低,西向垂直百叶遮阳并没有在下午阶段出现发电量显著上升的情况。在阴雨天气下,发电量在 12:00～14:00 时段仍有明显的升高,发电量差值主要体现在下午时段,60°时最大,90°时次之,0°时再次之,30°时最小;在阴间多云天气下,发电量在 12:00～14:00 时段仍有明显的升高。各种角度下的垂直遮阳,发电量差值主要体现在下午时段,90°时最大,60°时次之,30°时再次之,0°时最小,具体数据如表4.47 和表 4.48 所示。

从单扇遮阳发电功率来看,在相同辐射水平下,60°是该遮阳形式时光伏发电系统提供发电功率最高的角度,而 12:00～14:00 时段是光伏发电系统提供发电功率最高的时段。以 172W 功率值对光伏发电系统发电功率进行评价,西向垂直百叶遮阳系统也不能在冬季匹配足够的发电功率来满足室内人工照明需求。

表 4.47　　阴雨天气单扇遮阳发电功率　　　　　　　　　（单位：W）

测试时段	方位角 0°	方位角 30°	方位角 60°	方位角 90°
8:00～10:00	0.71	0.71	1.43	0.71
10:00～12:00	2.14	2.14	3.57	2.86
12:00～14:00	5.71	5.00	10.00	7.86
14:00～16:00	3.57	2.86	6.43	3.57
16:00～18:00	0.71	0.71	2.14	2.14

表 4.48　　阴间多云天气单扇遮阳发电功率　　　　　　（单位：W）

测试时段	方位角 0°	方位角 30°	方位角 60°	方位角 90°
8:00～10:00	2.14	1.43	3.57	1.43
10:00～12:00	8.57	12.14	10.71	2.14
12:00～14:00	20.00	17.14	27.14	25.71
14:00～16:00	2.86	10.00	17.14	30.71
16:00～18:00	1.43	3.57	5.71	10.00

4.5.2　夏季运行效果分析

1. 三种遮阳形式整体发电量分析

前面通过分析太阳辐射数据，得出重庆地区在夏季以晴朗及晴间多云天气为主，本次夏季测试数据，均在晴朗及晴间多云天气下测得，结果如表 4.49 所示。

表 4.49　　测试情况数据表

日期	遮阳开启角度/(°)	太阳辐照量/(MJ/m²)	直射辐射占比/%	南向水平活动遮阳发电量/kWh	西向水平百叶遮阳发电量/kWh	西向垂直百叶遮阳发电量/kWh
7 月 25 日	0	14.61	28.37	2.99	3.20	2.50
8 月 26 日	0	25.15	73.12	3.49	3.60	2.80
7 月 26 日	30	15.44	45.14	3.34	1.70	1.40
8 月 21 日	30	25.15	76.82	4.33	1.90	1.50
7 月 27 日	60	15.39	49.71	2.04	1.30	1.10
8 月 18 日	60	24.61	64.28	3.11	1.50	1.20
8 月 12 日	90	15.36	48.11	1.84	1.00	0.80
7 月 28 日	90	21.36	66.71	1.91	1.10	1.00

南向水平活动遮阳、西向水平百叶遮阳、西向垂直百叶遮阳的日平均发电量分别为 2.90kWh、1.90kWh、1.50kWh，单位面积组件发电量分别为 0.22kWh/m²、0.096kWh/m²、0.09kWh/m²。接下来将对三种遮阳形式的分时段、分角度运行效果进行讨论。

2. 南向水平遮阳系统

测试一共选取了 4 个角度,每个角度进行了 2 天的测试,分别在晴朗和晴间多云的天气下进行。

如图 4.102 和图 4.103 所示,从整体上看,南向水平活动遮阳在夏季晴朗和晴间多云天气下发电量差距不大,太阳辐射对发电量的影响大于遮阳角度变化。在夏季晴朗和晴间多云天气下,水平倾角为 30°时的发电能力在各个时段均属于中上水平,特别是在上午 10:00~12:00 时段,较其他角度发电能力更强。在下午时段,水平倾角 0°与 30°发电能力较强,水平倾角 60°次之。对于 90°时的遮阳系统,全天的发电量波动较小,整体处于低位水平。具体数据如表 4.50 与表 4.51 所示。

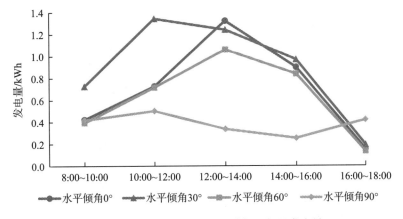

图 4.102　南向水平活动遮阳晴朗天气日发电量

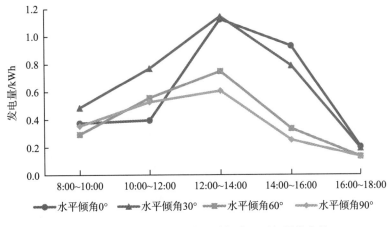

图 4.103　南向水平活动遮阳晴间多云天气日发电量

从单扇遮阳发电功率来看,90°是光伏发电系统提供发电功率最低的角度,而 16:00~ 18:00 和 8:00~10:00 时段是光伏发电系统提供发电功率相对较低的时段。现行国家标准《建筑照明设计标准》(GB 50034—2013)中对办公室照明功率密度的目标值为 8W/m²,按照这个目标值反算实验房间照明功率需求为 172W,以这个值对光伏发电系统发电功率进行评价，南向水平活动遮阳系统在夏季晴朗和晴间多云天气下均不能提供稳定的发电量，以补充室内人工照明需求。按照累计发电量计算，则只能在下午 14:00 以后提供一定的发电量来补充室内人工照明需求，个别角度和天气下则需要到 16:00 以后。

表 4.50　晴朗天气单扇遮阳发电功率　　　　　　　　　　（单位：W）

测试时段	水平倾角 0°	水平倾角 30°	水平倾角 60°	水平倾角 90°
8:00～10:00	30.00	51.43	27.86	29.66
10:00～12:00	51.43	95.00	50.71	35.59
12:00～14:00	93.57	87.86	75.00	23.73
14:00～16:00	63.57	68.57	59.29	17.80
16:00～18:00	10.71	13.57	9.29	29.66

表 4.51　晴间多云天气单扇遮阳发电功率　　　　　　　　（单位：W）

测试时段	水平倾角 0°	水平倾角 30°	水平倾角 60°	水平倾角 90°
8:00～10:00	26.43	34.29	20.71	25.00
10:00～12:00	27.86	54.29	39.29	37.14
12:00～14:00	79.29	80.71	52.86	42.86
14:00～16:00	65.71	55.71	23.57	17.80
16:00～18:00	14.29	13.57	9.29	9.29

3. 西向水平百叶遮阳

西向遮阳系统在夏季下午时段接收到更多的太阳直射，因而下午时段有更强的发电功率。图 4.104 和图 4.105 分别为西向水平百叶遮阳晴朗和晴间多云天气的日发电量变化图。

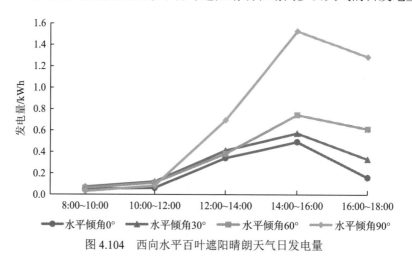

图 4.104　西向水平百叶遮阳晴朗天气日发电量

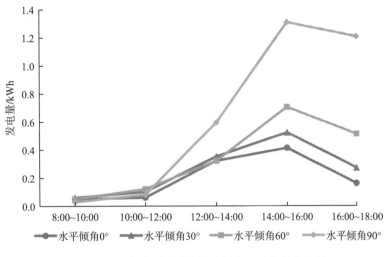

图 4.105　西向水平百叶遮阳晴间多云天气日发电量

从整体上看,西向水平百叶遮阳在夏季晴朗和晴间多云天气下发电量随时间变化趋势相同,发电量差距不大。西向水平百叶遮阳在上午 8:00~12:00 时段内,发电量处于较低水平,每小时发电量不超过 0.1kWh。各种角度下的水平百叶遮阳系统发电量随时间变化趋势一致,在午后发电量明显上升。水平倾角为 90° 时,遮阳系统发电表现突出,尤其是在下午时段,为其余遮阳形式发电量的 2~3 倍,该角度下能够有效利用西晒,并在 14:00~16:00 达到峰值发电量。随着水平倾角的增大,遮阳阻挡进入室内直射光的部分也就越大,因此在夏季满足室内采光需求的情况下,增大水平倾角能够同时达到改善室内热环境、提高光伏发电系统发电效率的目的。具体数据如表 4.52 和表 4.53 所示。

表 4.52　晴朗天气单扇遮阳发电功率　　　　　　　　　　　　　　（单位：W）

测试时段	水平倾角 0°	水平倾角 30°	水平倾角 60°	水平倾角 90°
8:00~10:00	6.25	8.75	7.50	3.75
10:00~12:00	7.50	15.00	13.75	10.00
12:00~14:00	42.50	51.25	47.50	86.25
14:00~16:00	61.25	71.25	92.50	190.00
16:00~18:00	20.00	41.25	76.25	160.00

表 4.53　晴间多云天气单扇遮阳发电功率　　　　　　　　　　　　（单位：W）

测试时段	水平倾角 0°	水平倾角 30°	水平倾角 60°	水平倾角 90°
8:00~10:00	6.25	7.50	6.25	3.75
10:00~12:00	7.50	12.50	15.00	10.00
12:00~14:00	40.00	43.75	40.00	73.75
14:00~16:00	51.25	65.00	87.50	162.50
16:00~18:00	20.00	33.75	63.75	150.00

    从单扇遮阳发电功率来看，90°遮阳形式是光伏发电系统提供发电功率最高的角度，而 14:00～16:00 和 16:00～18:00 时段是光伏发电系统提供发电功率最高的时段。继续以172W 功率值对光伏发电系统发电功率进行评价，90°西向水平百叶遮阳系统在夏季晴朗和晴间多云天气下，能在 14:00～16:00、16:00～18:00 时段提供足够的发电功率，并结合累计发电量，补充室内人工照明需求。60°和 90°的遮阳能在 16:00 以后通过累计发电量来补充室内人工照明需求。

4. 西向垂直百叶遮阳

    西向遮阳系统在夏季下午时段接收到更多的太阳直射，因而下午时段有更强的发电功率。图 4.106 和图 4.107 分别西向垂直百叶遮阳为晴朗和晴间多云天气的日发电量变化图。

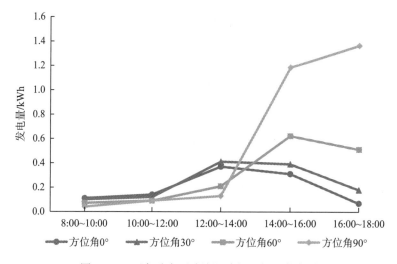

图 4.106   西向垂直百叶遮阳晴朗天气日发电量

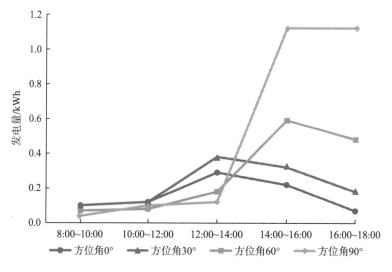

图 4.107   西向垂直百叶遮阳晴间多云天气日发电量

　　从整体上看,西向垂直百叶遮阳在夏季晴朗和晴间多云天气下发电量随时间变化趋势相同,发电量差距不大。西向垂直遮阳竖直百叶在上午 8:00～12:00 时段,发电量也处于较低水平,每小时发电量不超过 0.1kWh。各种角度下的垂直百叶遮阳,发电量峰值点各不相同,且发电量趋势也略有差异。方位角为 0°时,即垂直遮阳和水平百叶遮阳开启角度相同,在下午时段发电量显著上升,并在 14:00～18:00 达到峰值,发电量是上午时段的近12 倍。方位角为 30°时,遮阳系统在午后发电量上升也较为明显。其余两种角度的发电量随时间变化,波动较小,时均发电量不超过 0.2kWh,发电效益较低。具体数据如表 4.54和表 4.55 所示。

表 4.54　晴朗天气单扇遮阳发电功率　　　　　　　　　　(单位：W)

测试时段	方位角 0°	方位角 30°	方位角 60°	方位角 90°
8:00～10:00	18.33	16.67	11.67	6.67
10:00～12:00	23.33	20.00	15.00	15.00
12:00～14:00	61.67	68.33	35.00	21.67
14:00～16:00	51.67	65.00	103.33	196.67
16:00～18:00	11.67	30.00	85.00	226.67

表 4.55　晴间多云天气单扇遮阳发电功率　　　　　　　　(单位：W)

测试时段	方位角 0°	方位角 30°	方位角 60°	方位角 90°
8:00～10:00	16.67	16.67	11.67	6.67
10:00～12:00	20.00	20.00	13.33	16.67
12:00～14:00	48.33	63.33	30.00	20.00
14:00～16:00	36.67	53.33	98.33	186.67
16:00～18:00	11.67	30.00	80.00	186.67

　　从单扇遮阳发电功率来看,方位角为 90°时是该遮阳形式光伏发电系统提供发电功率最高的角度,而 14:00～16:00 和 16:00～18:00 时段是光伏发电系统提供发电功率最高的时段。继续以 172W 功率值对光伏发电系统发电功率进行评价,90°西向垂直百叶遮阳系统在夏季晴朗和晴间多云天气下,能在 14:00～16:00 和 16:00～18:00 时段提供足够的发电功率,以补充室内人工照明需求。60°和 90°的遮阳则只能在 16:00 以后通过累计发电量来补充室内人工照明需求。

4.5.3　全年运行效果分析

　　通过整理光伏发电系统全年测试数据和气象数据,得到光伏发电系统逐月发电量及逐月太阳辐照量图表,如图 4.108 和表 4.56 所示。需要说明的是,除在夏季、冬季共 16 天对遮阳系统进行了角度调节,其余时间均在固定开启角度下运行。

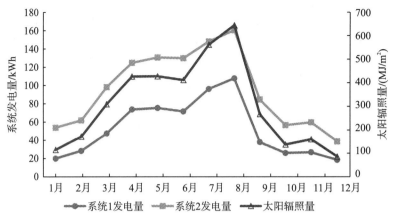

图 4.108　光伏发电系统逐月发电量及太阳辐照量

系统 1 指南向遮阳系统，系统 2 指西向遮阳系统

表 4.56　系统逐月发电情况表

月份	太阳辐照量/(MJ/m²)	系统 1 发电量/kWh	系统 2 发电量/kWh
1 月	114.33	19.96	53.82
2 月	171.25	28.38	61.85
3 月	309.11	47.47	98.10
4 月	426.54	73.73	124.80
5 月	427.44	75.32	130.67
6 月	411.72	71.60	129.84
7 月	562.59	96.16	148.13
8 月	645.04	107.65	160.43
9 月	266.94	37.88	84.60
10 月	137.11	26.00	56.54
11 月	159.62	26.81	59.67
12 月	85.90	18.48	38.70
合计	3717.59	629.44	1147.15

　　系统发电趋势与全年太阳辐照量的变化趋势一致。在测试倾角下，光伏发电系统年总发电量为 1776.59kWh，其中南向遮阳系统年发电量为 629.44kWh，月平均发电量为 52.45kWh，西向遮阳系统年发电量为 1147.15kWh，月平均发电量为 95.60kWh。12 月系统发电量最低，南向和西向遮阳系统分别为 18.48kWh 和 38.70kWh；发电量最高的月份为 8 月，南向和西向遮阳系统发电量分别为 107.65kWh 和 160.43kWh。其中 4～8 月发电量较高，均高于全年平均水平，是光伏发电系统运行的最佳时段。

　　将系统综合效率(PR 值)按如下公式计算：

$$PR_T = \frac{E_T}{P_e \cdot h_T}$$

式中，E_T——光伏组件实际发电量，kWh；

P_e——光伏组件标准测试条件下的发电功率，kW；

h_T——光伏组件接收到的峰值日照数，h。

通过计算系统 1 全年平均 PR 值为 46.97%，而系统 2 全年平均 PR 值也仅为 41.95%，系统 1 在 4～8 月 PR 值略高于系统 2，其余月份与系统 1 相近。从全年来看，PR 值变化幅度不大，在 3～9 月 PR 值相近，仅为 40% 左右，略低于 11 月至次年 2 月的 PR 值，结果如图 4.109 所示。系统 PR 值变化趋势与太阳辐照量和环境温度相反，在辐照量最小、环境温度最低的 12 月和 1 月，系统 PR 值最高。资料显示，我国西部地区大型地面电站的 PR 值为 74%，一些运行良好的电站，PR 值一般都大于 80%。PR 值主要受阴影遮挡、环境温度、逆变器及控制设备损失等因素的影响。而本次测试中光伏遮阳系统效率较低，可能主要受环境因素的影响，在太阳辐射资源丰富的夏季，环境温度高，导致效率下降；而在冬季，综合效率增大，但又缺乏太阳辐射。

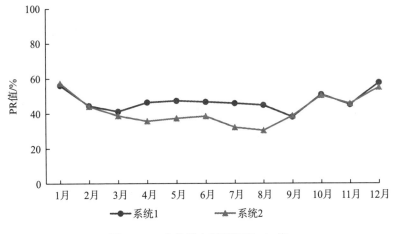

图 4.109　光伏发电系统逐月 PR 值

从整体运行情况来看，光伏发电系统全年运行情况一般。系统发电趋势与全年太阳辐照量的变化趋势一致，在测试倾角下，南向系统 1 年总发电量为 629.44kWh，全年平均 PR 值仅为 46.97%；西向系统 2 年总发电量为 1147.15kWh，全年平均 PR 值仅为 41.95%，远低于一般大型地面光伏电站的 PR 值。

在冬季，由于太阳资源缺乏，三种遮阳形式的发电能力均较弱。南向水平遮阳发电功率在低角度范围内变化时不显著，但角度过大，发电效率明显降低，90°时发电功率最低；其余两种形式随角度变化也不显著，但当下午时段有太阳直射时，发电功率会随遮阳开启程度而降低。但由于整体发电水平低，因此对整体效益影响并不明显，并不具备良好的光伏应用价值。

在夏季，由于太阳辐照量的显著提升，三种遮阳形式的发电能力较强，在某些时段遮阳设施发电量已具备补充室内人工照明以满足室内照度需求的能力。遮阳发电功率受遮阳板角度影响也很明显，此时需要结合遮阳对室内环境的影响进行合理的应用。

4.6　光伏活动式遮阳系统调控策略

通过对室内环境基本状况和光伏遮阳系统运行情况进行分析发现,在夏季、冬季室内环境状况不同,遮阳系统运行情况也存在显著差异,因而对光伏遮阳的合理调控十分必要。因此,须在测试分析的基础上,进一步分析重庆地区夏季、冬季的遮阳需求,并提出合理的优化调控策略。

4.6.1　室内光环境基本状况及需求分析

1. 冬季光环境基本状况及需求分析

在冬季,重庆地区由于太阳能资源缺乏,云量较大,太阳辐射以散射辐射为主,因此南向和西向房间室内获取的太阳辐射和室内照度差别不大。相比之下,在上午时段南向房间室内照度水平优于西向,而在下午时段西向房间环境状况略优于南向。

下面分别来看冬季两种典型天气下室内照度分布状况。在阴雨天气下 $H<$ $8MJ/(m^2 \cdot d)$,室内自然光照度在上午逐渐增大,于午间达到峰值后逐渐减小,在各时段的分布以小于 100lx 和 100~450lx 范围为主,即清晨和傍晚时间的自然光不能被利用,需要完全依靠人工照明才能满足室内照度需求。而在 10:00~16:00 时段需要结合人工照明来满足室内照度需求。

而在阴间多云天气下, $8MJ/(m^2 \cdot d) \leqslant H<12MJ/(m^2 \cdot d)$,室内自然光照度较阴雨天气有所提升,室内光环境在各时段以 100~450lx 范围为主,即室内自然光的可利用率较高,对室内光环境有一定的补充,但仍要结合人工照明来满足室内照度需求。

南向和西向房间室内光环境状况在冬季的主要差异体现在阴间多云天气情况下。阴间多云天气状况不稳定,在下午时段西向房间易受到太阳直射影响,测试数据显示在 12:00~16:00 时段西向房间在靠近窗口位置有接近一半的测点照度大于 2000lx,远远超过工作所需最低照度,容易引起不舒适眩光,结果如图 4.110 所示。

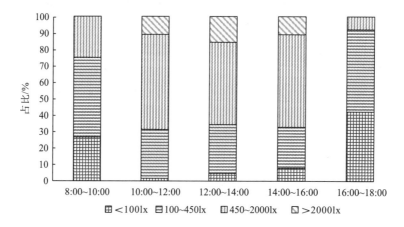

图 4.110　西向房间靠近窗口附近照度分布情况

在摸清冬季室内光环境基本状况之后,现对冬季基于光环境的遮阳需求进行分析。室内对遮阳的需求主要分为两种情况:

(1)需要遮阳措施(室内存在减少眩光的需求)。对于活动式遮阳,此时需要调节至合适的方向和角度来实现对室内照度分布结构的优化,提升照度均匀度。

(2)不需要遮阳措施(室内需要提供天然光利用率)。此时由于遮阳措施对自然采光产生了不利影响,因此设置了遮阳设施的房间,只能通过合理调节遮阳设施,尽可能减小对采光的不利影响。

冬季西向房间在晴间多云天气下 12:00~16:00 时段有一定的遮阳需求,除此以外,在冬季典型天气下,绝大多数时段室内均不需要遮阳设施,以提高天然光的利用率。基于光环境的冬季各时段对遮阳的需求如表 4.57 所示。

表 4.57　基于光环境的冬季各时段对遮阳的需求

朝向	天气状况	时段				
		8:00~10:00	10:00~12:00	12:00~14:00	14:00~16:00	16:00~18:00
南向	阴雨	否	否	否	否	否
	阴间多云	否	否	否	否	否
西向	阴雨	否	否	否	否	否
	阴间多云	否	否	是	是	否

注:"是"表示需要遮阳措施,"否"表示不需要遮阳措施。

2. 夏季光环境基本状况及需求分析

在夏季,重庆地区由于太阳能资源显著提升,云量低,太阳直射辐射占比升高。南向和西向房间室内获取的太阳辐射差别较大,致使室内照度差别较大。此时应分别对南向、西向室内光环境状况和需求进行分析。

对于南向房间,室内自然光照度仍然在上午逐渐增大,于午间达到峰值后逐渐减小。在晴间多云天气下,$12MJ/(m^2 \cdot d) \leqslant H < 16MJ/(m^2 \cdot d)$,在 8:00~10:00 和 16:00~18:00 时段照度以 100~450lx 为主,在其余时段以 450~2000lx 为主,即室内在清晨和傍晚时段处在需要半依靠人工照明来满足室内照度需求的状态,而在 10:00~16:00 时段则可以完全依靠自然采光来满足工作照度需求。在晴朗天气下 $H \geqslant 16MJ/(m^2 \cdot d)$,室内照度在全时段以 450~2000lx 为主,即室内处在可完全依靠自然采光即可满足室内照度需求的状态,结果如图 4.111 所示。

可见南向房间在夏季自然采光质量良好,略微不足的是在 10:00~16:00 时段也存在室内照度过高的现象,两种典型天气下室内在此时段有 10%~20%的测点照度大于 2000lx,易引起不舒适眩光。

对于西向房间,由于其相较于南向房间接收了更多的太阳辐射,室内采光理应更好。本次主要针对西向靠近窗口处的自然光照度进行测试,发现室内自然光照度较高,但采光质量却较南向差。在晴间多云天气下,$12MJ/(m^2 \cdot d) \leqslant H < 16MJ/(m^2 \cdot d)$,在 14:00 以后临窗测点照度全部大于 2000lx,在晴朗天气下,$H \geqslant 16MJ/(m^2 \cdot d)$,照度全部大于 2000lx 甚

至提早到 12:00。原因在于西向在下午时段受到太阳直射的影响，辐照度大，自然眩光较冬季更为严重。

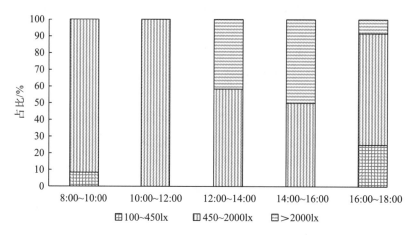

图 4.111　南向房间晴间多云天气下室内照度分布

因此，在夏季典型天气情况下，室内对遮阳的需求已经从提高自然采光质量向减少自然眩光转变。南向和西向房间遮阳需求时段有所差异，南向房间主要在 10:00～16:00 时段存在遮阳需求，而西向房间则在下午时段需求强烈，可总结如表 4.58 所示。

表 4.58　基于光环境的夏季各时段对遮阳的需求

朝向	天气状况	时段				
		8:00～10:00	10:00～12:00	12:00～14:00	14:00～16:00	16:00～18:00
南向	晴间多云	否	是	是	是	否
	晴天	否	是	是	是	否
西向	晴间多云	否	否	否	是	是
	晴天	否	否	是	是	是

注："是"表示需要遮阳措施，"否"表示不需要遮阳措施。

4.6.2　室内热环境基本状况及需求分析

1. 冬季热环境基本状况及需求分析

从室内在冬季获取的太阳辐射来看，南向和西向房间室内获取的太阳辐射差别不大，而天气状况对室内太阳辐射的影响较大。相比之下，在上午时段南向房间室内太阳辐射水平高于西向，而在下午时段西向房间太阳辐射水平略高于南向。

在阴雨天气下 $H<8MJ/(m^2·d)$，南向室内太阳辐照度均在 $15W/m^2$ 以内波动，室内平均太阳辐照度为 $5.33W/m^2$；西向室内太阳辐照度均在 $10W/m^2$ 以内波动，室内平均太阳辐照度为 $4.78W/m^2$。

在阴间多云天气下，$8MJ/(m^2·d)≤H<12MJ/(m^2·d)$，南向室内太阳辐照度均在 $35W/m^2$ 以内波动，室内平均太阳辐照度为 $16.71W/m^2$；西向室内太阳辐照度均在 $45W/m^2$

以内波动，室内平均太阳辐照度为 18.69W/m^2。

在第 2 章气象资源分析中，已知重庆属于夏热冬冷地区，冬季气温低且潮湿。太阳辐射进入室内，能够有效改善热环境，减少室内采暖热负荷。因此，无论是南向房间还是西向房间，对太阳辐射的需求都是多多益善的。室内对遮阳的需求主要分为两种：

(1)需要遮阳措施(室内存在减少太阳辐射热的需求)。对于活动式遮阳，此时需要合理调节方向和角度，尽可能地减少太阳辐射热，发挥遮阳的作用。

(2)不需要遮阳措施(室内存在对太阳辐射热的需求)。对于活动式遮阳，此时则需要调节至对室内热环境遮挡最小的方向和角度，让更多的太阳辐射进入室内。

因此，冬季室内均不需要遮阳措施(表 4.59)。

表 4.59　基于热环境的冬季各时段对遮阳的需求

朝向	天气状况	时段				
		8:00～10:00	10:00～12:00	12:00～14:00	14:00～16:00	16:00～18:00
南向	阴雨	否	否	否	否	否
	阴间多云	否	否	否	否	否
西向	阴雨	否	否	否	否	否
	阴间多云	否	否	否	否	否

注："是"表示需要遮阳措施，"否"表示不需要遮阳措施。

2. 夏季热环境基本状况及需求分析

从室内在夏季获取的太阳辐射来看，南向和西向房间太阳辐射变化规律和太阳辐照量存在较大差别。南向房间室内太阳辐射在 12:00～14:00 出现峰值，而西向房间太阳辐射峰值集中在下午时段。

在晴间多云天气下，12MJ/(m^2·d)≤H<16MJ/(m^2·d)，南向室内太阳辐照度在 10～60W/m^2 范围内波动，室内平均太阳辐照度为 27.40W/m^2；西向室内平均太阳辐照度为 31.72W/m^2，上午时段室内太阳辐照度在 10W/m^2 以内波动，下午时段室内太阳辐照度在 20～100W/m^2 以内波动。

在晴朗天气下，H≥16MJ/(m^2·d)，南向室内太阳辐照度在 10～80W/m^2 范围内波动，室内平均太阳辐照度提升到 31.16W/m^2；西向室内平均太阳辐照度提升到 93.26W/m^2，上午时段室内太阳辐照度在 10W/m^2 以内波动，下午时段室内太阳辐照度提高到 200W/m^2 以上。

可以看到，在夏季室内获取的太阳辐射远远多于冬季，因而夏季太阳辐射对室内热环境的影响远远大于冬季。在第 2 章气象资源分析中，已知重庆在夏季温度高，光照持续时间久，太阳辐射强烈。过多太阳辐射进入室内，已经严重影响了室内热环境，带来更多的空调冷负荷。因此，无论是南向房间还是西向房间，都有遮阳需求，特别是西向房间在下午时段，对遮阳的需求更为强烈(表 4.60)。

表 4.60 基于热环境的夏季各时段对遮阳的需求

季节	天气状况	时段				
		8:00~10:00	10:00~12:00	12:00~14:00	14:00~16:00	16:00~18:00
冬季	晴间多云	是	是	是	是	是
	晴天	是	是	是	是	是
夏季	晴间多云	是	是	是	是	是
	晴天	是	是	是	是	是

注："是"表示需要遮阳措施，"否"表示不需要遮阳措施。

本节通过对室内环境需求分析，发现重庆地区在冬季基于室内光热环境调控主要目标是提高自然采光质量和室内太阳辐射热，因而对遮阳的需求是一致的，即均不需要遮阳措施。而在夏季，室内光热环境的调控目标主要是减少自然眩光和太阳辐射热。但遮阳在减少自然眩光和太阳辐射的同时，也有可能影响室内原本良好的自然采光，需要维持自然采光质量。此时室内对遮阳的需求较为复杂，因此制定合理的优化调控策略是十分重要的。

4.6.3 光伏活动式遮阳系统的优化评价指标

在对室内环境需求的分析中，发现冬季室内光热环境对活动式遮阳设施的调控需求是一致的，且遮阳对室内光热环境的影响方向也较为一致，此时对遮阳的调控主要向着尽可能避免遮阳对室内的热和自然采光的不利影响进行。而夏季室内光热环境对活动式遮阳设施的调控需求则变得较为复杂，遮阳对室内光热环境的影响方向不一致，夏季遮阳时为减少太阳辐射的热，就会牺牲室内自然采光质量。同时夏季光伏遮阳系统发电情况也较冬季有了明显改善，此时涉及遮阳调控的优化就包括减少自然眩光、减少太阳辐射热、有效利用太阳能资源发电等。由于优化目标众多，无法直观地评价并选出最适宜的遮阳工况。因此，接下来将针对夏季遮阳调控进行多目标优化分析。

光伏活动式遮阳装置在应用时，主要涉及室内光环境、室内热环境、光伏发电系统运行情况三个优化目标。为此，分别对三个优化目标选取代表性的评价指标。

1. 室内太阳辐照度

实验对不同遮阳工况室内太阳辐照度进行了测试，其能够实时反映进入室内的太阳辐射热的情况。因不同工况下室内太阳辐射在不同天气情况下测得，故通过不同遮阳工况对太阳辐射的阻挡率来进行修正，以统一到相同的室外天气情况下进行分析。

2. 可利用天然光照度达标面积百分比

实验对不同遮阳工况室内照度进行了测试，并计算了可利用天然光照度达标面积百分比。对于室内光环境质量的评价，并不能仅仅通过室内照度进行判别，室内照度过大，容易引起自然眩光，反而造成采光质量下降。而且遮阳设施在夏季减少自然眩光的同时，也会使室内原本采光质量较好的测点受到影响,因此不能单纯地用室内照度来反映遮阳对室内光环境的调控效果。因此,选取可利用天然光照度(450~2000lx)面积百分比进行评价,同时也通过不同遮阳工况对室内照度的阻挡率进行修正,以将不同遮阳工况统一到相同的室外天气情况下进行分析。

3. 光伏遮阳发电量

对于光伏发电系统运行情况,选取光伏遮阳发电量作为优化评价指标,同时也对发电量进行修正,以将不同遮阳工况发电量统一到相同的室外天气情况下分析。

4.6.4　光伏活动式遮阳系统优化分析方法及模型

选择以室内太阳辐照度、可利用天然光照度达标面积百分比和光伏遮阳发电量三个指标来评价各工况下光伏遮阳运行效果。因三者之间存在矛盾,无法直观地进行优化评价,故需要建立一定的数学模型,进而进行综合评价。本实验中优化目标简单、工况较少,可选择灰色关联分析法进行优化分析。

灰色关联分析法是基于灰色关联分析理论的一种多目标优化方法,其衡量了各因素间的发展趋势的关联程度,即通过确定最优的优化指标作为参考数列,将各工况数据与参考数列进行比较,分析并计算关联度,关联度越高代表此工况与最优指标越相近,关联度最高的工况即优化分析求得的最佳工况。具体计算步骤如下:①建立比较矩阵;②对数据进行无量纲化处理;③计算灰色关联系数;④求灰色关联度,对各工况进行评价。

1. 建立比较矩阵

当有 m 个工况、n 个优化指标时,对第 i 个工况的第 j 个指标 y_{ij},建立比较矩阵,即

$$Y = \begin{bmatrix} y_{11} & y_{12} & \cdots & y_{1n} \\ y_{21} & y_{22} & \cdots & y_{2n} \\ \vdots & \vdots & & \vdots \\ y_{m1} & y_{m2} & \cdots & y_{mn} \end{bmatrix}$$

对于本实验,遮阳倾角分别为 0°、30°、60°、90° 及无遮阳共 5 个工况,室内太阳辐照度、可利用天然光照度达标面积百分比、光伏遮阳发电量 3 个优化指标。随后,确定最优指标集 $y_{0j}(j=1,2,\cdots,n)$,对于本实验,在无遮阳和四种遮阳角度中,室内平均太阳辐照量最小值、可利用天然光照度达标面积百分比最大值、光伏遮阳发电量最大值为本次的最优指标,组成参考数列。

2. 对数据进行无量纲化处理

将比较矩阵 Y 中的数据进行无量纲化处理,无量纲化处理方法为某数据与其所在列的最小值的差值除以该列的极差,即可得到无量纲矩阵:

$$x_{ij} = \frac{y_{ij} - \min\{y_{ij}\}}{\max\{y_{ij}\} - \min\{y_{ij}\}}, \quad i=1,2,\cdots,m; \quad j=1,2,\cdots,n \tag{4.19}$$

$$X = \begin{bmatrix} x_{11} & x_{12} & \cdots & x_{1n} \\ x_{21} & x_{22} & \cdots & x_{2n} \\ \vdots & \vdots & & \vdots \\ x_{m1} & x_{m2} & \cdots & x_{mn} \end{bmatrix}$$

3. 计算灰色关联系数

灰色关联系数 r_{ij} 可由式(4.20)计算：

$$r_{ij} = \frac{\Delta_{\min} + \varepsilon \Delta_{(\max)}}{|x_{0j} - x_{ij}| + \varepsilon \Delta_{(\max)}}, \quad i=1,2,\cdots,m; \quad j=1,2,\cdots,n \tag{4.20}$$

其中，$\Delta_{(\min)}$ 为两级最小差；$\Delta_{(\max)}$ 为两级最大差；$\varepsilon \in [0,1]$ 为分辨系数，常取 0.5。得评价标准矩阵如下：

$$R = \begin{bmatrix} r_{11} & r_{12} & \cdots & r_{1n} \\ r_{21} & r_{22} & \cdots & r_{2n} \\ \vdots & \vdots & & \vdots \\ r_{m1} & r_{m2} & \cdots & r_{mn} \end{bmatrix}$$

4. 求灰色关联度，对各工况进行评价

在计算灰色关联度之前，首先要确定各优化指标的重要程度，建立权重数列 $W = (w_1, w_2, \cdots, w_n)$。对于光伏活动式遮阳，其本质仍是优化调控室内光热环境，发电始终是附带的，而不宜作为主要优化因素。因此对于本实验，初步设定光伏遮阳发电量权重指标取 20%，其余光热环境两个指标权重均取 40%。

最后可计算灰色关联度矩阵：

$$A = RW^{\mathrm{T}} \tag{4.21}$$

通过式(4.21)求得各工况下的灰色关联度，灰色关联度越大，即该数列与参考数列关联度越大，表明该工况下的优化目标越接近最优指标。

4.6.5　光伏活动式遮阳系统优化计算结果

按照前述模型和计算步骤，在对原始数据修正和无量纲化处理后，分别计算三种遮阳形式在无遮阳和不同遮阳工况下的灰色关联度，计算结果如表 4.61 所示。

根据表 4.61 的结果，对各遮阳工况运行情况进行评价。

(1)南向水平活动式遮阳在晴间多云天气运行时，各遮阳工况优劣顺序为 90°遮阳工况>30°遮阳工况>0°遮阳工况>60°遮阳工况>无遮阳。

(2)南向水平活动式遮阳在晴朗天气运行时,各遮阳工况优劣顺序为 60°遮阳工况>30°遮阳工况=90°遮阳工况>0°遮阳工况>无遮阳。

(3)西向水平百叶遮阳在晴间多云天气运行时，各遮阳工况优劣顺序为 90°遮阳工

况>0°遮阳工况>30°遮阳工况>60°遮阳工况>无遮阳。

（4）西向水平百叶遮阳在晴朗天气运行时，各遮阳工况优劣顺序为 30°遮阳工况>90°遮阳工况>60°遮阳工况>0°遮阳工况>无遮阳。

（5）西向垂直百叶遮阳在晴间多云天气运行时，各遮阳工况优劣顺序为 90°遮阳工况>0°遮阳工况>60°遮阳工况>30°遮阳工况>无遮阳。

（6）西向垂直百叶遮阳在晴朗天气运行时，各遮阳工况优劣顺序为 30°遮阳工况>90°遮阳工况>60°遮阳工况>0°遮阳工况>无遮阳。

表 4.61　各遮阳工况灰色关联度计算结果

遮阳形式	天气状况	遮阳工况	室内太阳辐照度/(W/m²)	可利用天然光照度达标面积百分比/%	光伏遮阳发电量/kWh	灰色关联度
南向水平活动遮阳	晴间多云	无遮阳	30.54	36.25	0.00	0.612
		0°	11.46	31.25	3.14	0.676
		30°	10.42	30.00	3.32	0.703
		60°	10.27	29.75	2.04	0.615
		90°	8.95	34.67	1.84	0.790
	晴朗	无遮阳	32.09	39.58	0.00	0.600
		0°	12.99	33.23	3.49	0.628
		30°	13.06	29.16	4.33	0.635
		60°	9.86	30.20	3.18	0.642
		90°	8.23	27.08	2.25	0.635
西向水平百叶遮阳	晴间多云	无遮阳	28.40	50.00	0.00	0.399
		0°	14.18	80.00	1.00	0.799
		30°	10.51	60.00	1.30	0.724
		60°	4.01	27.08	1.69	0.695
		90°	2.08	10.00	3.36	0.822
西向水平百叶遮阳	晴朗	无遮阳	97.12	40.00	0.00	0.398
		0°	54.13	60.00	1.30	0.674
		30°	20.64	66.66	1.53	0.856
		60°	7.13	30.00	1.90	0.722
		90°	2.25	13.33	3.60	0.813
西向垂直百叶遮阳	晴间多云	无遮阳	28.40	50.00	0.00	0.340
		0°	16.88	83.33	0.80	0.705
		30°	12.15	66.67	1.10	0.584
		60°	8.52	33.33	1.39	0.599
		90°	2.43	16.66	2.63	0.748
	晴朗	无遮阳	97.12	40.00	0.00	0.359
		0°	54.75	60.00	1.18	0.601
		30°	36.43	73.33	1.23	0.841
		60°	23.67	38.89	1.50	0.610
		90°	3.77	18.89	2.80	0.798

上述结果是基于一定权重(室内太阳辐照度 40%、可利用天然光照度达标面积百分比 40%、光伏遮阳发电量 20%),对全天运行情况数据计算得到的。

可以发现,在夏季遮阳工况均较无遮阳工况关联度更高,遮阳措施在夏季设置确实是有意义的。对于南向水平活动式遮阳,各工况下的关联度相近,表明南向水平活动式遮阳的运行效果随工况改变变化有限。

而西向两种遮阳形式,各工况的关联度变化较大,且远大于无遮阳工况,即在西向设置遮阳是十分必要的。

对于西向两种百叶遮阳,在晴间多云天气时 90°工况和 0°工况下的关联度最高且相近,宜在此两种工况下运行,且分别在热环境和光环境方面贡献最大;而在晴天时 30°工况和 90°工况关联度相近且明显高于其他工况,且分别在光环境和热环境方面贡献最大,此时遮阳宜在此两种工况下运行。

本节采用灰色关联分析法对夏季遮阳调控方案进行了优化分析,涉及了室内太阳辐照度、可利用天然光照度达标面积百分比、光伏遮阳发电量三个优化评价指标。通过优化分析,得出了三种遮阳形式在夏季运行的最佳工况。该结果基于一定权重得到,可作为遮阳在一般情况下运行时的参考。

4.6.6　光伏活动式遮阳系统的调控策略

本节根据室内环境需求分析和多目标优化结果,对不同遮阳方案制定了如下调控策略。

1. 南向水平活动遮阳

对于南向房间,冬季室内以提高自然采光质量为主,优化目标单一,且遮阳对室内光热环境的方向是一致的,此时对遮阳的调控主要向尽可能避免遮阳对室内的热和自然采光的不利影响进行。

而在前述分析中发现,在冬季其对光热环境的调控作用随角度变化均不显著。虽然光伏活动式遮阳设施本质功能是改善室内光热环境,但当其对室内环境的影响能力较弱时,则可以考虑尽可能提高其光伏发电效率,以提高系统的应用价值。

在冬季,由于太阳资源缺乏,遮阳发电能力弱。南向水平遮阳发电功率在低角度范围内变化时不显著,但角度过大时发电效率明显降低,90°时发电功率最低。虽然由于整体发电水平低,角度对整体效益影响并不明显,但 0°～60°时遮阳的发电量仍是 90°时的 6 倍左右,长期运行差别更为显著,因此冬季宜在 0°～60°下运行。

在对南向房间夏季光热环境基本情况的分析中,室内采光整体质量良好,但存在自然眩光需要缓解,且室内存在减少太阳辐射热的需求。同时夏季遮阳发电能力明显强于冬季,可以对室内照明提供一定的补充,补偿遮阳设施对室内采光的不利影响。此时优化目标众多,根据 4.6.5 节的多目标分析结果,南向水平活动遮阳在晴间多云天气时宜在 90°遮阳工况下运行,在晴朗天气时宜在 60°遮阳工况下运行。该方案能够使遮阳在三个方面优化目标尽可能达到最优。

总结南向水平活动式遮阳的具体调控策略如表 4.62 所示。

表 4.62　南向水平活动式遮阳调控策略

季节	天气状况	时段				
		8:00～10:00	10:00～12:00	12:00～14:00	14:00～16:00	16:00～18:00
冬季	阴雨	0～60°	0～60°	0～60°	0～60°	0～60°
	阴间多云	0～60°	0～60°	0～60°	0～60°	0～60°
夏季	晴间多云	90°	90°	90°	90°	90°
	晴朗	60°	60°	60°	60°	60°

注：表中角度指南向水平活动式遮阳百叶水平倾角。

2. 西向水平百叶遮阳

对于西向房间，冬季绝大多数时间优化目标是单一的，且遮阳对室内光热环境的影响方向是一致的，此时对遮阳的调控同样应向尽可能避免遮阳对室内的热和自然采光的不利影响进行。对于西向遮阳，角度越小，对光热环境质量均是越优的，即在 0° 下运行时，对光热环境最优。

而在冬季阴间多云天气下的 12:00～16:00 时段，由于天气情况不稳定，若受到太阳直射影响，则遮阳的优化目标会出现冲突：一方面，由于西向太阳直射，房间受到自然眩光影响，需要遮阳设施对阳光进行遮挡；但另一方面，遮阳设施会阻挡冬季有利于室内的太阳辐射的热，须进行进一步分析。

由本章可知，此时段室内平均太阳辐照度在 30W/m^2 左右，而百叶遮阳在此时对太阳辐射的阻挡率在 50%～90%，并随着遮阳角度的增大而增大。以测试房间为例，其阻挡了 324～583.2W 的太阳辐射的热。虽然室内热负荷的减少值并不能直接等于太阳辐射的热，但也能反映其对室内热环境的影响，相当于房间 3～5 位成年男子在静坐状态下的散热量，因此其对热环境的影响不能直接忽略。在应用时应尽量将阻挡率降到最低，即在低角度下运行。

此外，在使用遮阳措施后，会使室内照度水平降低，在低角度(0°～30°)时，在采用百叶遮阳设施之后，室内照度水平降低了 30%～60%，但也能使室内照度分布更加均匀。图 4.112 反映了在应用遮阳措施后，有优化室内照度分布结构的作用。从 0°、30° 时可以看出，室内照度在 450～2000lx 范围内的照度比例有所提升，而大于 2000lx 范围内的照度比例有所下降，尤其是在 30° 时下降尤为明显，室内眩光问题明显改善。

由此可以发现，此时室内光热环境优化目标虽有所冲突，但遮阳在 0°～30° 的低角度下运行时就能解决室内光环境问题，且避免了对太阳辐射热的过多影响，因此此时宜在 0°～30° 遮阳工况下运行。

而在夏季，西向房间室内光热环境状态在上午时段和下午时段差别尤为明显，因此遮阳调控策略应对上午时段和下午时段进行区分。

在上午时段室内采光良好，并不会受到自然眩光的影响，同时室内太阳辐照度低，为 10W/m^2 左右，遮阳对减少太阳辐射热的贡献相对较小。此时应以光环境的优化为主，即不需要遮阳措施，尽力提高可利用天然光照度百分比。而在 4.6.3 节～4.6.5 节的优化分析中，在晴间多云天气 0° 工况下，晴天 30° 时灰色关联度高，且对光环境优化贡献最大，故上午时段遮阳宜在此工况下运行。

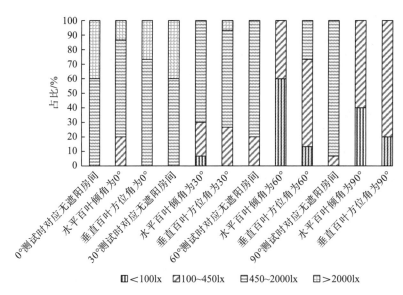

图 4.112　西向遮阳可利用天然光照度与无遮阳房间对比

　　由于太阳直射主要出现在下午，下午时段室内调控需求发生了改变。此时，室内照度由于强烈的阳光直射而升高，存在减少自然眩光的需求。同时，室内太阳辐照度水平显著提升，对减少太阳辐射热的需求强烈。此时太阳照射充足，有利于发电，故应以热环境的优化为主，即需要遮阳措施，尽力提高遮阳对太阳光的遮挡作用。在 4.6.3 节～4.6.5 节的优化分析中，在晴间多云天气、晴朗天气 90°工况下灰色关联度高，且对热环境优化贡献最大，故下午时段遮阳宜在此工况下运行。

　　总结西向水平百叶遮阳的具体调控策略如表 4.63 所示。

表 4.63　西向水平百叶遮阳分时段调控策略

季节	天气状况	时段				
		8:00～10:00	10:00～12:00	12:00～14:00	14:00～16:00	16:00～18:00
冬季	阴雨	0°	0°	0°	0°	0°
	阴间多云	0°	0°	0～30°	0～30°	0°
夏季	晴间多云	0°	0°	90°	90°	90°
	晴朗	30°	30°	90°	90°	90°

注：表中角度指西向水平百叶遮阳百叶水平倾角。

3. 西向垂直百叶遮阳

　　西向垂直百叶遮阳与西向水平百叶遮阳运行效果相似，其调控策略分析及其结果与水平百叶遮阳相同。

　　总结西向垂直百叶遮阳的具体调控策略如表 4.64 所示。

表 4.64　西向垂直百叶遮阳分时段调控策略

季节	天气状况	时段				
		8:00~10:00	10:00~12:00	12:00~14:00	14:00~16:00	16:00~18:00
冬季	阴雨	0°	0°	0°	0°	0°
	阴间多云	0°	0°	0°~30°	0°~30°	0°
夏季	晴间多云	0°	0°	90°	90°	90°
	晴朗	30°	30°	90°	90°	90°

注：表中角度指西向垂直百叶遮阳百叶方位角，0°为正南方向，90°为正西方向。

4.7　本　章　小　结

本章首先通过对光伏遮阳系统进行性能评价指标的分析，形成了基于实验地点条件的活动式遮阳初步方案，并将光伏活动式遮阳系统运行效果测试划分为对室内环境的影响效果测试和光伏发电系统发电效果测试两个部分。针对不同百叶倾角下室内太阳辐照度、照度、发电量等参数，制定了总共 16 天的逐时测试方案和光伏发电系统全年运行效果测试方案。

其次通过对室内光热环境基本情况和光伏活动式遮阳应用效果进行分析，发现在不同季节，由于太阳辐射资源的显著差别，室内光热环境需求、遮阳设施运行效果也有显著区别。

在冬季，遮阳设施对室内光热环境的影响方向是一致的，均产生了较大的不利影响，此时光伏发电效益也较差，因此遮阳设施调节的目的主要是尽可能削弱设施对室内光热环境的影响。而在夏季，遮阳设施对室内光热环境的影响较为复杂：一方面遮阳设施起到了减少室内太阳辐射的热，调节不舒适自然眩光的作用；但另一方面在遮阳的同时也降低了室内照度，影响了自然采光质量，且此时光伏发电效益也最高，具有较大的利用价值。不同遮阳设施随着遮阳角度的改变，遮阳效果的变化不一，高则能够阻挡95%的太阳辐射的热，并避免自然眩光，但对太阳辐射过多的阻挡势必会引起室内采光效果的显著降低，因此夏季对遮阳设施角度的合理调节是非常必要的。若能够对光伏活动遮阳设施进行合理应用，则能够在改善室内光热环境的同时，获得更多的光伏发电量。

最后根据重庆地区室内光热环境基本情况，分析了不同季节、不同朝向房间对室内光热环境的优化需求。针对夏季的多目标需求，采用灰色关联分析法进行了多目标优化分析，得到三种遮阳形式的最佳运行工况。结合室内优化需求和多目标优化分析结果，制定了不同遮阳方案的具体调控策略。

第5章 光伏导光、通风一体化集成系统

为进一步探讨光伏相关组件与建筑功能性需求的集成应用，研究组将光伏、光导以及光伏电量应用相结合，本章采取热压通风与机械通风、光导照明与 LED 照明相结合的通风采光一体化思路，进行地下空间光环境与空气品质综合改善集成技术的研发，该技术旨在合理利用太阳能进行天然采光照明，同时利用太阳能进行发电，以供人工照明与通风使用，在节约能源的同时，综合改善地下空间照度不足、空气污浊等环境不达标的问题。

5.1 光伏导光、通风一体化集成技术原理

该技术将通风技术与光导技术相结合对地下空间进行综合调控，采取热压通风与机械通风、光导照明与 LED 照明相结合的通风采光一体化思路，当太阳光较为充足时，光导系统利用太阳光进行采光照明；光伏发电系统进行发电，发电时光伏组件表面温度比地下室内温度高，两处空气由于存在密度差，可通过贯通的通风管道由下向上自然流动，形成热压通风，而电能储存在蓄电池内，在被动采光和通风失效时辅以机械通风和 LED 照明。该装置包括光导系统、照明系统、通风系统、光伏发电系统和监测系统，其技术原理如图 5.1 所示。

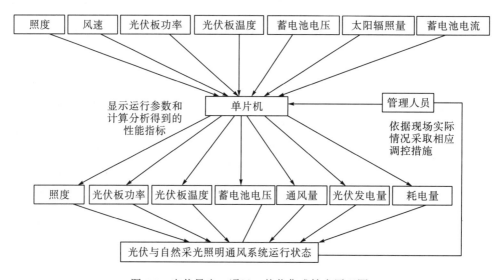

图 5.1 光伏导光、通风一体化集成技术原理图

1. 室内照度计算

依照《导光管采光系统技术规程》(JGJ/T 374—2015)进行计算,在顶部均匀布置条件下,室内平均水平照度可按下列公式计算:

$$E_{av} = \frac{n \times \Phi_u \times CU \times MF}{S} \tag{5.1}$$

式中,E_{av}——平均水平照度,lx;

　　　n——导光管采光系统的数量;

　　　Φ_u——导光管采光系统漫射器的设计输出光通量,lm;

　　　CU——导光管采光系统的采光利用系数,可按《导光管采光系统技术规程》表 B.0.1 取值;

　　　MF——维护系数,可按《导光管采光系统技术规程》表 B.0.2 取值;

　　　S——房间的地面面积,m^2。

(1)导光管采光系统漫射器的设计输出光通量计算公式如下:

$$\Phi_u = E_s \times A_t \times \eta \tag{5.2}$$

式中,E_s——室外天然光设计照度值(lx),可按现行国家标准《建筑采光设计标准》(GB 50033—2013)的有关规定取值(重庆地区取 12000lx);

　　　η——导光管采光系统效率,全阴天空条件下可采用透光折减系数表示;

　　　A_t——导光管系统的有效采光面积,直径 530mm 的导光管的采光面积为 0.22m^2。

对于导光管透光折减系数,样本给出产品透光折减系数为 5 级,查阅《建筑外窗采光性能分级及检测方法》,透光折减系数大于或等于 0.6,本次计算取 0.6。

计算得导光管采光系统漫射器的设计输出光通量 Φ_u=1584lx。

(2)计算导光管维护系数 MF,如表 5.1 所示。

表 5.1　导光管采光系统的维护系数

房间污染程度	安装形式		
	垂直	倾斜	水平
清洁	0.90	0.80	0.70
一般	0.80	0.70	0.60
污染严重	0.70	0.60	0.50

(3)计算导光管采光系统的采光利用系数 CU,如表 5.2 所示。

表 5.2　顶部安装的导光管采光系统的采光利用系数

顶棚反射比	室空间比	墙面反射比		
		50%	30%	10%
	0	1.19	1.19	1.19
80%	1	1.05	1.00	0.97
	2	0.93	0.86	0.81

顶棚反射比	室空间比	墙面反射比		
		50%	30%	10%
80%	3	0.83	0.76	0.70
	4	0.76	0.67	0.60
	5	0.67	0.59	0.53
	6	0.62	0.53	0.47
	7	0.57	0.49	0.43
	8	0.54	0.47	0.41
	9	0.53	0.46	0.41
	10	0.52	0.45	0.40
50%	0	1.11	1.11	1.11
	1	0.98	0.95	0.92
	2	0.87	0.83	0.78
	3	0.79	0.73	0.68
	4	0.71	0.64	0.59
	5	0.64	0.57	0.52
	6	0.59	0.52	0.47
	7	0.55	0.48	0.43
	8	0.52	0.46	0.41
	9	0.51	0.45	0.40
	10	0.50	0.44	0.40

2. 发电量计算

相关研究表明，多晶硅电池在水平倾角 10°时，单位面积日平均发电量为 0.197kWh/m²。通过计算得到年发电量，如表 5.3 所示。

表 5.3 多晶硅电池在水平倾角 10°时年发电量

月份	逐月发电量/kWh	单位面积日发电量/(kWh/m²)
1	22.7	0.13
2	29.7	0.18
3	39.0	0.22
4	41.3	0.24
5	40.2	0.22
6	40.6	0.23
7	45.6	0.25
8	48.8	0.27
9	35.8	0.20
10	27.4	0.15
11	25.6	0.15
12	21.6	0.12

取光伏板设计日均发电量为 0.20kWh/ m² 计算光伏板需求面积，当在不利条件时采用电网进行供电。地下空间考虑不利时，使用人工照明满足照明需求，照明灯具功率按照《建筑照明设计标准》(GB 50034—2013)中规定的公共车库照明功率密度的现行值 2.5W/m² 进行计算，即满足单位平方米灯具的用电需求，需要光伏板面积为

$$s = \frac{2.5t}{200} \qquad (5.3)$$

考虑阴雨天自然采光不足，以及夜晚的工作时间为 8:00～22:00，取 t=14h，则 s=0.175m²，即每平方米地下空间面积须配备 0.175m² 的光伏板以满足人工照明用电需求。

5.2　光伏导光、通风一体化集成系统实验平台

光伏导光、通风一体化集成系统实验平台技术装置示意图如图 5.2 所示。

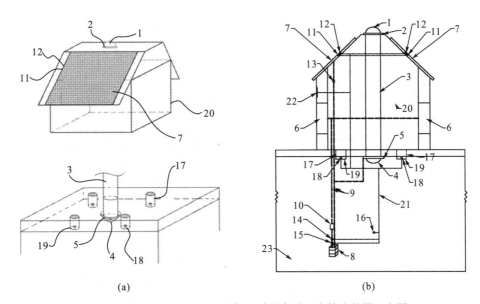

(a)　　　　　　　　　　　　　　(b)

图 5.2　光伏导光、通风一体化集成系统实验平台技术装置示意图

1-采光罩；2-防雨圈；3-光导管；4-漫射器；5-LED 灯条；6-风机；7-光伏板；8-蓄电池；9-连接线路；10-逆变器；11-太阳总辐射传感器；12-温度传感器；13-功率传感器；14-电流传感器；15-电压传感器；16-照度传感器；17-通风管；18-风速传感器；19-进风口；20-通风井；21-数据传输线；22-单机片；23-进风口

其中光导系统为中空密封的手电筒结构，包括从上到下依次连接的采光罩、光导管和漫射器。所述采光罩位于通风井外，光导管贯穿于通风井内外，漫射器位于地下空间内。室外太阳光由采光罩收集，光导管将采集的光线传输至地下空间，漫射器将光导管传输的光线均匀地分散到地下空间，提供自然采光照明。

照明系统包括 LED 灯条，LED 灯条围绕在漫射器的底部外侧。

通风系统包括若干台风机和若干个通风管，风机安装在通风井的两侧墙壁上，通风管连通通风井与地下空间，风机可调节挡位，通风管的管道下端为进风口，进风口位于地下空间的天花板上。

光伏发电系统包括若干块光伏板、蓄电池和逆变器，若干块光伏板均支撑摆放在通风井的屋面上，蓄电池与光伏板线路相连，LED 灯条和风机通过连接线路与蓄电池相连，逆变器安装在蓄电池的输出线路上。

当室外光照微弱时，蓄电池所储蓄的能源供 LED 灯条进行照明。当热压通风量不足以满足地下空间通风要求时，风机利用蓄电池提供的电能进行送风。

监测系统包括单机片和数据监测设备，数据监测设备包括若干个太阳总辐射传感器、若干个温度传感器、一个功率传感器、一个电流传感器、一个电压传感器、一个照度传感器和若干个风速传感器，太阳总辐射传感器和温度传感器安装在光伏板上，功率传感器安装在光伏板与蓄电池相连线路上，电流传感器和电压传感器安装在蓄电池与逆变器相连线路上，照度传感器置于地下空间内，风速传感器置于进风口断面上，太阳总辐射传感器、温度传感器和风速传感器均预设有阈值，单机片的输出端连接有用户界面。各数据监测设备通过数据传输线将监测到的数据传至单机片。单机片接收这些监测数据后，根据预设的计算准则计算光伏发电系统的发电量、室内通风量和系统耗电量等性能指标，并将运行参数和性能指标显示在用户界面上。图 5.3 和图 5.4 为装置实物图。

图 5.3　装置实物图（室内）　　　　　　　图 5.4　装置实物图（室外）

5.3　光伏导光、通风一体化集成系统实测效果

由于室外状态对装置照明及通风的效果影响较大，尤其是在照度方面。因此，课题组选取了三种典型的室外工况，即晴天、阴天、雨天，探究该装置在不同室外工况条件下的照明效果与通风效果。各工况的室外照度值如表 5.4 所示。

表 5.4　不同工况下的室外照度值　　　　　　　　　　（单位：lx）

室外照度	时刻					
	8:00	10:00	12:00	14:00	16:00	18:00
晴天	16080	64760	82430	43870	69510	19680
阴天	2675	19990	5142	20110	32220	12160
雨天	4770	13260	24400	31330	14880	5478

通过对该装置进行照明效果与通风效果的实测，发现该装置可以很好地改善地下空间内的照明、通风问题。表 5.5 为装置内照明效果实测结果。

表 5.5　装置内照明效果实测结果　　　　　　　　　（单位：lx）

测点平均照度	时刻					
	8:00	10:00	12:00	14:00	16:00	18:00
晴天	211	875	1761	1230	966	222
阴天	40	345	85	341	533	200
雨天	77	232	329	516	254	96

针对该装置在三种工况下的采光效果进行了测试，如图 5.5 所示，测试证明，在晴天状态下照明效果非常好，除了 8:00 和 18:00，其他时段照度都超过了 300lx，而 8:00 和 18:00 测试的照度都超过了 200lx，也能满足大部分建筑功能需求；而在阴天和雨天的情况下，照度在工作时间内多数时候也可以满足需求，在 8:00 和 18:00 的测量结果则偏低，总体而言基本可以满足建筑的使用需求。而在夜间无自然照明的情况下，装置可以利用白天收集的太阳能进行照明，实测证明设备能使室内达到 50lx 左右的照度，满足部分功能房间要求。同时，针对室内换气次数进行校核，发现换气次数为 12.5 次/h，能够满足室内的通风要求。

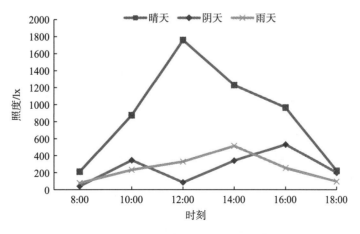

图 5.5　地下通风采光装置照明效果实测

5.4　本　章　小　结

实测证明，该技术通过对多个技术的综合利用，可以有效改善地下空间的光环境和空气品质，实现了地下空间光环境、热环境以及室内空气品质多方面的调控，并达到了节能的效果。基于该技术，已申请发明专利"一种可监测效果的集成光伏驱动的地下空间用自然通风与采光装置及其调控方法"。

第6章　重庆地区光伏发电系统投资回收及节能效益分析

光伏发电系统的应用长期以来受到系统投入产出问题的困扰，许多学者也对光伏发电系统能否在其生命周期内回收能量提出了不同程度的疑虑。本章对光伏发电系统在重庆地区应用的能量回收期及节能效益进行探讨。

6.1　建筑选取及系统设计

6.1.1　建筑选取

为对光伏发电系统应用在重庆地区的能量回收期及节能效益进行分析，以重庆市住房和城乡建设委员会颁发的《重庆市巴渝新农村民居通用图集》(2010 年版)中的典型建筑为例进行如下设计分析。此图集作为农村住宅通用图集，其中的建筑形式具有实用性和一定代表性。故本次分析选取其中的 11 号图集作为典型建筑，该建筑占地面积 100.79m^2，建筑面积 181.22m^2，层高为两层，居住人数 3～5 人，工程造价为 8.52 万元。

该建筑的平面布局形式为进门为大堂，一侧为耳房，能够满足三口之家和两代同堂等不同家庭结构的居住要求。考虑农户晾晒需求，将坡屋顶与平屋顶相结合，退台、阳台悬挑及穿斗木结构建筑符号使建筑具有浓郁的川东传统民居特色。可以将该建筑左右拼接形成联排住宅，能很好地满足新农村建设需求，拼接后效果如图 6.1 所示。

图 6.1　图集 11 号建筑拼接效果

从单个建筑的平面图中可以看到,可利用安装光伏组件的屋顶为两个坡屋顶和一个平屋顶。阳台上方的雨棚虽然也可作为安装位置,但由于其面积较小,又可能有建筑物自身的遮挡,故不将部分面积作为安装面积。平屋顶处于两个坡屋顶之间,可能也会有建筑自身遮挡,并且平时有上人和晾晒需求,也不作为安装面积。

故典型单户的安装面积为两个坡屋顶。查看建筑施工图可知两个屋顶的角度均为22°。将两个屋顶按朝向分成了三部分,假定建筑朝向为正南,故屋面 1 朝北,屋面 2 朝南,屋面 3 朝西。

6.1.2 系统容量设计

为进行系统容量设计,在此以常用的 250W 多晶硅组件为例,组件尺寸为 1640mm×992mm,按安装方向将其投影到倾角为22°的水平面上,尺寸变为 1520mm×992mm。如果按照屋顶坡度进行安装,屋面 1 可以安装 4 块光伏板,屋面 2 可安装 6 块光伏板,屋面 3 可安装 10 块光伏板。屋面共安装光伏组件 20 块,装机功率为 5kW。光伏组件布置如图 6.2 所示。

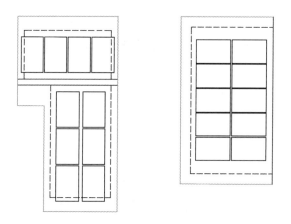

图 6.2　光伏组件布置图

安装的三部分朝向均不相同,由于最大功率点跟踪控制器的原理要求,将每个朝向的光伏瓦各自串联起来,将每一朝向的组串接入一路最大功率点跟踪。现在逆变器中可以有多路最大功率点跟踪,朝向问题获得了较好的解决。光伏组串各朝向的主要电气参数统计如表 6.1 所示。

表 6.1　光伏组串各朝向电气参数统计

朝向	光伏组件数量	电压/V	电流/A	最大功率/W
北	4	121.4	8.24	1000
南	6	182.2	8.24	1500
西	10	303.6	8.24	2500

从表 6.1 中可以看出,北向 4 块组件的组串电压仅有 121.4V,而一般多路最大功率点跟踪逆变器的输入电压需要达到 150V。考虑到北向的太阳辐照量明显低于南向,故不在北向安装组件,布置调整后如图 6.3 所示。

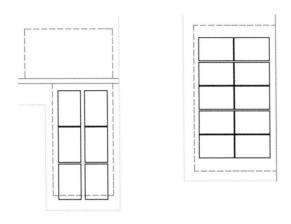

图 6.3 光伏组件调整后布置图

调整后的各朝向统计的主要电气参数如表 6.2 所示。整个屋顶光伏发电系统的装机功率为 4kW。

表 6.2 调整后光伏组串各朝向电气参数统计

朝向	光伏组件数量	电压/V	电流/A	最大功率/W
北	6	182.2	8.24	1500
南	10	303.6	8.24	2500

6.1.3 电气设计

光伏发电系统的电气设计可参考太阳能电池方阵布置情况,合理地选择电气设备,并根据系统规模和实际需求决定各个相关附属设施的取舍。例如,该小型发电系统由于容量的关系,可以省略防雷接地系统和监控测量系统。下面对主要的电气设备进行设计和选择。

1. 并网逆变器选择

并网逆变器结合了电力、电子、自动控制、计算机及半导体等多种技术,它是光伏并网发电系统中不可或缺的部分。并网逆变器的主要功能是最大功率点跟踪、直流-交流转换、频率、相位追踪及其他相关保护。

现有逆变器基本带有最大功率点跟踪控制功能,所以不用单独再对控制器进行选型,只需注意逆变器的控制参数应满足直流侧接入要求即可。此处因模拟软件中对不同朝向的组串需要分别建立子项,故对两个朝向分别选择逆变器,具体参数如表 6.3 和表 6.4 所示。在实际应用中,选择 1 台带有两路最大功率点跟踪功能的逆变器即可。

表6.3　南向组串逆变器主要参数（逆变器型号 CPPV-1500HF）

项目	具体参数	参数要求
直流侧参数	最大直流电压	550V
	满载最大功率点跟踪电压范围	150~450V
	最大直流功率	1.7kW
	最大输入电流（每路最大功率点跟踪）	11A
	最大接入路数	2
	最大功率点跟踪路数	1
交流侧参数	额定输出功率	1.5kW
	最大交流输出电流	7A
	额定电网电压	230V
	允许电网电压	交流 198~242V
系统参数	最大效率	95%
	防护等级	IP65
机械参数	长×宽×高	475mm×423mm×180mm
	质量	23kg

表6.4　西向组串逆变器主要参数（逆变器型号 SG2K5TL）

项目	具体参数	参数要求
直流侧参数	最大直流电压	450V
	满载最大功率点跟踪电压范围	150~450V
	最大直流功率	3kW
	最大输入电流（每路最大功率点跟踪）	20A
	最大可接入方阵串联数	2
交流侧参数	额定输出功率	2.5kW
	总电流波形畸变率	<4%
	允许电网频率范围	50~60Hz
	允许电网电压	交流 180~265V
系统参数	最大效率	95%
	防护等级	IP41（室内）
机械参数	长×宽×高	288mm×450mm×126mm
	质量	11.3kg

将设计参数与逆变器参数进行对比，说明逆变器能满足设计需求。在这里以南向组串为例进行对比，参数对比如表6.5所示。北向组串的对比在此不再赘述。

表 6.5　南向组串系统设计参数与逆变器参数对比

序号	对比参数	取值	设计结论
1	逆变器最大直流输入功率	1700W	满足
	阵列实际最大输出功率	1500W	
2	逆变器最大功率点跟踪电压	150～450V	满足
	南向阵列输入电压	182.2V	
3	逆变器最大支流输入电流	11A	满足
	阵列实际最大输入电流	8.24A	

2. 交流配电柜的选择

交流配电柜主要由开关类电器(如断路器、切换开关、交流接触器等)、保护类电器(如熔断器、防雷器、漏电保护器等)、测量类电器(如电压表、电流表、电度表、交流互感器等)、指示灯及母排线等组成。

中小型太阳能光伏发电系统因为系统运行电压较低,因此采用低压供电和输送方式,低压交流配电柜即可满足输送和电力分配的需要。低压交流配电柜的选型可以由采购单位根据直流侧和交流侧的技术参数选择厂家提供的成型产品,也可自行设计并制作。

交流配电柜主要技术参数如表 6.6 所示。

表 6.6　交流配电柜主要技术参数

项目	具体参数	参数要求
直流部分	直流输入电压	＜800V
	直流输出电压	＜800V
	直流输入电流	≤125A/路
	直流输出电流	≤125A/路
	额定绝缘电压	1000V(直流)
交流部分	交流输入电压	220/380V(1±10%)
	交流工作电压	220/380V(1±10%)
	输入功率	≤500kVA
环境条件	最大海拔	2000m
	环境温度	−25～45℃
	相对湿度	＜95%
防护等级		IP30

3. 接线的选择

光伏发电系统中电缆的选择有比较多的因素需要考虑,包括电缆的绝缘性能,电缆的耐热阻燃性能,电缆的防潮、防光,电缆的敷设方式,电缆芯的类型(铜芯、铝芯),电缆的大小规格。光伏发电系统中不同部件之间的连接,因为环境不同,要求不同,选择的电缆也不相同。

电缆大小规格设计必须遵循的电流选取原则如表 6.7 所示。

表 6.7　电缆额定电流选取原则

电缆连接部位	计算最大连续电流	选取电缆额定电流
交流负载	I_A	$\geqslant 1.25 I_A$
逆变器	I_B	$\geqslant 1.25 I_B$
方阵内部与方阵间	I_C	$\geqslant 1.56 I_C$

此外选取电缆时还应考虑温度对电缆性能的影响、电缆电压降不超过 2%。综合考虑电流强度和电路电压损失，对电缆尺寸进行合适的选型。

参考以上原则，对阵列输出电缆及逆变器输出电缆进行选型，该光伏发电系统接线选择如表 6.8 和表 6.9 所示。

表 6.8　阵列输出电缆选型

方向	最大连续电流/A	线缆规格	截面积/mm^2	载流量/A
南向	8.24	YJV 0.6/1kV	2.5	24
西向	8.24	YJV 0.6/1kV	2.5	24

表 6.9　逆变器输出电缆选型

方向	最大连续电流/A	线缆规格	截面积/mm^2	载流量/A
南向	7.0	YJV 0.6/1kV	2.5	24
西向	13.8	YJV 0.6/1kV	2.5	24

6.1.4　安装设计

系统组件按平衡式安装，将光伏组件与屋顶平行放置，给光伏组件与屋顶间留有一定间隙，保证组件底部有适当空气流动，有利于组件的通风散热。

组件置于槽型导轨上，导轨则通过连接件固定在屋顶上，连接件通过螺栓与屋顶的导轨固定。

在抗风压及抗腐蚀方面，对支架采取以下措施：

(1)支架均采用国标型钢，对支架进行多点结合。

(2)支架均采用热镀锌，局部外露部分的防腐措施为喷涂氟碳涂料。

6.2　发电量软件模拟

6.2.1　PVsyst 软件介绍

现在常用的初步设计及预测光伏发电系统发电的软件有 PVsyst、RETScreen、PVSOL、SunnyDesign 等，其中 PVsyst 是最为常用的设计辅助软件。PVsyst 用于指导光伏发电系统初步、精细设计以及光伏发电系统发电量的模拟计算。利用该软件，在进行发电量模拟计算的同时可以验证以上设计的正确性。

软件主要功能如下：

(1) 设定光伏发电系统种类，如并网型、独立型、光伏水泵等。

(2) 设定光伏组件的排布参数，如固定方式、光伏阵列倾斜角、行距、方位角等。

(3) 架构建筑物对光伏发电系统遮阳影响评估、计算遮阳时间及遮阳比例。

(4) 模拟不同类型光伏发电系统的发电量及系统发电效率。

(5) 研究光伏发电系统的环境参数。

此次模拟选用的是 PVsystV6.06 版本，主界面如图 6.4 所示，该最新版本集成了谷歌地图和气象软件 Meteonorm 中的气象数据，能够方便地选取地点及获取气象数据。Meteonorm 软件是分析各地气象资料的软件，软件中有当地的经度、纬度、海拔及太阳辐照度等重要参数。气象资料的准确完整性对当地的光伏发电系统设计十分重要，Meteonorm 软件的各地气象资料较为全面和准确。

图 6.4　PVsyst 软件主界面

6.2.2　模拟过程及计算结果

图 6.5 为 PVsyst 软件参考的设计流程图，从图中可以看出需要三维 (three dimensional，3D) 建模进行组件排列，确定组件数量、串并联方式等，但在建模之前需要利用已知条件对系统进行初步设计。

选取软件中的项目地点，位置是中国重庆。图 6.6 为软件中重庆地区的气象参数。对比软件计算需要用到的气象数据值与重庆典型年气象数据。从年太阳辐照量来看，典型年太阳辐照度为 3058.5MJ/m^2，软件太阳年辐照度为 3128.9MJ/m^2，差值为 70.4MJ/m^2，仅比典型年大 2.3%。

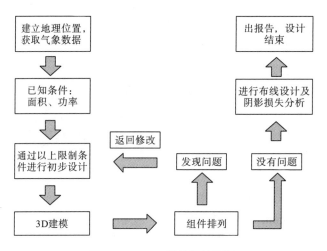

图 6.5 PVsyst 软件设计流程

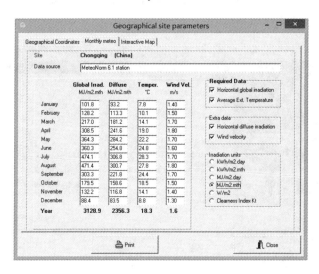

图 6.6 重庆地区气象参数

图 6.7 为太阳辐照量逐月对比，除 4 月、6 月软件数值高于典型年较多以外，其他月份数值二者非常接近。

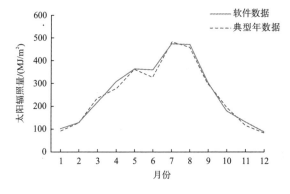

图 6.7 软件逐月太阳辐照量同典型年对比

图 6.8 为二者温度对比，软件数值所作折线与典型年几乎重合，差别非常小。故软件模拟使用的气象数据参数与典型年的数值相近，差别小，模拟结果具有一定的代表性和参考性。

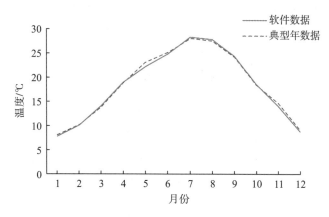

图 6.8　软件逐月环境温度同典型年对比

建模过程中，不需要将建筑的每个细节都模拟出来，本次建模的重点在于屋顶的形状、面积、倾角及相互位置关系，以及其他会对阵列产生影响的遮挡物，其他不影响阵列的建筑部位可以忽略或者简化。

由于农村地区的住宅基本不会受周围高大建筑的遮挡，但可能会有山体的遮挡影响，但影响较小，在此假设地平线为水平。实际工程中大部分情况下远方地平线是有障碍物的，可以借助专业的仪器和软件，得到准确的地平线图，再在软件中进行设置。

本次模拟所建的建筑模型如图 6.9 所示。屋顶两个矩形为要布置光伏组件的预留位置。由图可以看到，模型清楚地反映了两个屋面的形状、面积、倾角和相互位置。

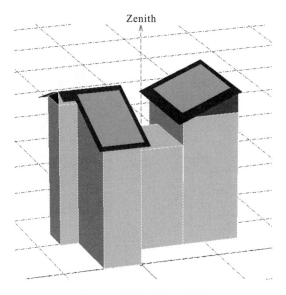

图 6.9　典型建筑 3D 模型

由于两个组串属于不同朝向，方位角相差 90°，故对两个组串分别建立子项，进行后续模拟。下面将南向屋顶布置的组件称为组串 A，西向屋顶布置的组件称为组串 B。

在软件的 Orientation 项中设置组件的固定方式，如图 6.10 所示，在 System 项中输入系统总功率，对组件、逆变器进行选型。软件能够根据系统参数判断阵列与逆变器是否匹配。在 Detailed losses 项中主要对组件安装方式、连接方式、线缆的截面大小进行选择。

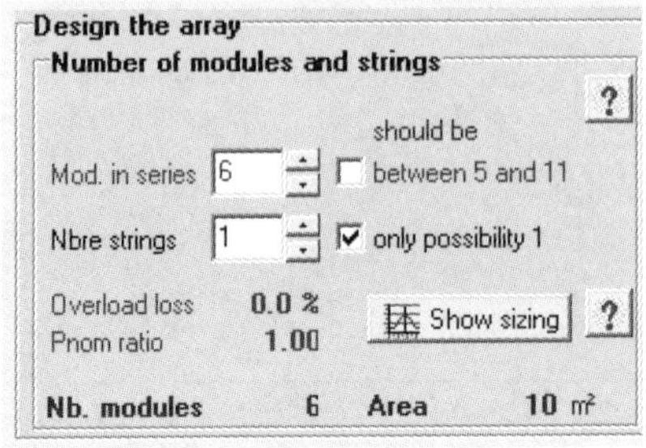

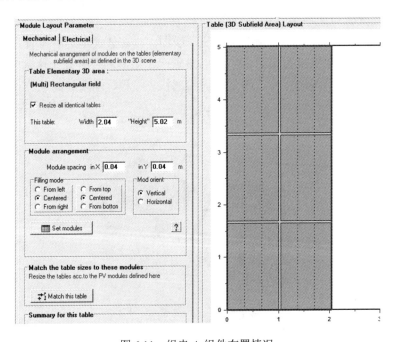

图 6.10　阵列与逆变器匹配性

在 Module layout 项中根据 3D 模型中的预留位置对组件进行自动排布，组串 A 组件布置情况如图 6.11 所示。在布置面积调整完成后，可对组件进行电气连接。在这一子项中还可以选择日期对组件进行 3D 阴影模拟，可以看到组件被遮挡的情况。在这里，挑选每月一天进行模拟后发现组件自身并没有严重的遮挡情况，遮挡损失基本为零。

图 6.11　组串 A 组件布置情况

按以上步骤对组串 A、组串 B 分别进行各项参数的设置，最后单击 Simulation 进行模拟。逐月的发电量模拟计算结果如表 6.10 所示。组串 A 的年总发电量为 985.5kWh，PR

值为 76.6%；组串 B 的年总发电量为 1568.6kWh，PR 值为 75.7%。该分布式系统总装机容量为 4kWp，年总发电量为 2554.1kWh，计算出系统的综合效率为 76.0%。

表 6.10 固定角度模拟发电量

月份	组串 A		组串 B	
	倾斜面辐照量/(kWh/m²)	并网发电量/kWh	倾斜面辐照量/(kWh/m²)	并网发电量/kWh
1	28.8	32.4	26.6	49.3
2	37.5	44.1	34.9	67.7
3	60.8	71.6	56.7	109.9
4	85.3	100.8	82.8	161.4
5	97.4	113.1	95.2	182.1
6	94.5	107.6	96.6	181.7
7	125.2	141.8	124.3	231.4
8	129.1	147.9	125.1	235.5
9	86.9	99.3	81.7	153.4
10	50.4	57.3	47.8	90.0
11	38.1	43.6	34.4	64.4
12	24.2	26.0	23.3	41.8
总计	858.2	985.5	829.4	1568.6

通过对组串 A 和组串 B 的逐月发电量及系统损失电量、太阳辐射接收损失量进行分析，可得到两个组串的损失电量都是在 7 月、8 月最多。7 月、8 月系统最为明显的是太阳辐射接收的损失，远远超过其他月份。可以猜想的是这个损失与组件为固定倾角安装有关。考虑将组件由固定倾角安装变成季节调整，冬季与夏季各用一个角度，全年只用调整一次，方便操作。

参考重庆大学刘旭的实验测试及理论分析结果，将夏季的倾角设为 0°，冬季的倾角设为 20°。图 6.12 为组串 A 的季节角度设置界面，组串 B 的角度调整也按同样方法进行设置。

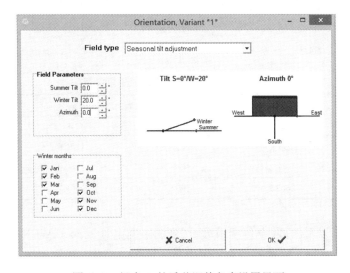

图 6.12 组串 A 的季节调整角度设置界面

角度改变后模拟结果的统计如表 6.11 所示。

表 6.11 季节调整角度模拟发电量

月份	组串 A		组串 B	
	倾斜面辐照量 /(kWh/m²)	并网发电量/kWh	倾斜面辐照量 /(kWh/m²)	并网发电量/kWh
1	28.8	32.4	26.8	50.7
2	37.4	44.1	35.1	69.2
3	61.0	71.8	57.1	112.7
4	85.7	101.1	85.7	169.4
5	101.2	117.5	101.2	196.4
6	100.0	114.0	100.0	190.7
7	131.5	149.1	131.5	248.3
8	130.8	150.1	130.8	249.8
9	84.1	95.8	84.1	160.3
10	50.5	57.4	48.1	92.2
11	38.1	43.6	34.6	66.2
12	24.3	26.1	23.5	43.0
总计	873.4	1003.0	858.5	1648.9

组串 A 的倾斜面辐照量为 873.4kWh/m²，相对于固定倾角增加 15.2kWh/m²，年总发电量为 1003.0kWh，相对于调整前增加 17.5kWh，增加 1.78%。组串 B 的倾斜面辐照量为 858.5kWh/m²，相对于固定倾角增加 29.1kWh/m²，年总发电量为 1648.9kWh，相对于调整前增加 80.3kWh，增加 5.12%。安装方式改变后，系统年总发电量为 2651.9kWh，增加 97.8kWh。虽然系统发电量有小幅增加，但将组件的安装支架变成可调角度需要定制，支架费用需要增加，且坡屋顶安装可调支架不利于建筑美观，还是考虑固定角度安装。

若不考虑建筑美观，将安装角度考虑为固定的 0°、5°、10°、15°四个角度，模拟出的年发电量如表 6.12 所示。

表 6.12 其他固定角度模拟年发电量 （单位：kWh）

方式	安装角度			
	0°	5°	10°	15°
组串 A	994.1	1000.1	1001.8	998.5
组串 B	1668.1	1662.2	1649.9	1630.4
总计	2662.2	2662.3	2651.7	2628.9

从模拟结果可以看出，四个角度相对于 22°的年发电量 2554.1kWh 都有一定程度提高，特别是 0°、5°两个角度，比季节调整年发电量还要多。因此，在进行光伏建筑一体化的设计时，建筑设计师应综合考虑屋顶角度，选取合适的角度进行设计。

6.3　投资回收期计算

光伏这一新兴产业正逐渐形成竞争性、创新性的市场。目前,对光伏发电系统提供有力支持的是来自政府和公共事业机构的金融激励。这些措施缩短了光伏发电系统的回收期,使其成为有回报、安全的投资对象。

光伏产业最终的目标是实现平价上网,当发电成本等于电网向终端用户的供电成本时,就实现了平价上网。这个目标的实现极大地依赖于地方因素,如光伏发电系统及其安装成本、当地太阳辐射资源和当地电价,需要因地制宜地分析。

利用前文 PVsyst 软件模拟出的系统年发电量,本节对重庆地区分布式光伏发电系统投资回收期进行计算。

6.3.1　初始条件

光伏发电成本与系统装机成本、太阳辐射资源、项目贷款情况、预计投资回收期、运营维护费用五个因素有关。参考文献所建立的光伏发电成本电价数学分析模型,对该建筑的光伏发电系统进行投资分析。

1. 装机成本

装机成本是光伏发电系统的总投入,该系统的装机成本包含以下部分:光伏组件成本、组件支架成本、逆变器成本、配电系统成本、电缆成本、施工与安装费用、施工管理费。光伏发电系统装机成本具体价格如表 6.13 所示。

表 6.13　光伏发电系统装机成本

序号	项目名称	数量	单价/元	总价/元	备注
1	多晶硅光伏组件	16	1200	19200	4.8 元/Wp
2	电池组件支架	1	2400	2400	固定支架
3	并网逆变器	1	4600	4600	—
4	交流配电箱	1	700	700	—
5	电力线缆、信号线缆	1	1500	1500	所有电缆
6	土建安装和调试	1	3000	3000	含设备运输费/安装/接线
7	管理费	1	1000	1000	管理/报批/验收
	合计			32400 元	

据测算,该系统的初始投资为 32400 元,装机成本为 8.1 元/Wp。参考现有的屋顶太阳能发电系统的价格,在 8~12 元/Wp。重庆地区光伏扶贫试点项目中安装 3kW 的光伏发电系统所需要的费用约为 2.4 万元,装机成本为 8 元/Wp。因此,该系统初始投资符合现有情况。

2. 运营管理成本

运营管理成本主要涉及维护和管理费用，由于光伏发电系统在运行中对燃料没有需求，也没有易损耗的部件需要更换，所以其维护费用很低，可以按照总体固定投资提取某一比例进行估算。光伏电站的运营管理成本可用式(6.1)表达：

$$C_{op} = C_{ivs} R_{op} \tag{6.1}$$

式中，C_{op}——运营管理成本，元；

C_{ivs}——装机成本，元；

R_{op}——运营费率，指运营费用占总投资的比例。

光伏电站的维护费一般来说主要是运行值班人员的工资和备件更换的费用。参考目前的光伏电站运营费率，其值为 1%～3%。由于是分布式光伏发电系统，并不需要专人长时间维护，考虑到可能仍需一定的检修和维护，此处假定运营管理费率为 0.5%。

3. 财务费用

财务费用主要是贷款利息，它取决于贷款占总投资的比例和贷款利率。

$$C_{fn} = C_{ivs} C_{loan} C_{intr} \tag{6.2}$$

式中，C_{fn}——财务费用，元；

C_{loan}——贷款总投资比例；

C_{intr}——贷款利率。

根据重庆地区的《重庆市光伏扶贫试点工作方案》政策文件，其中对贫困农户购买和安装光伏发电设备实行财政扶贫资金贴息；对设备安装企业贷款垫支安装光伏发电设备实行财政扶贫资金贴息。对个人和企业都进行了资金贴息，故可以将投资资金完全看成自有资金，财务费用为零。

4. 设备折旧年限

光伏发电系统的设计使用年限可显著影响光伏发电成本。假设系统固定初始投资不变，系统正常运行年限越长，光伏发电成本越低。光伏组件的寿命一般为 20～30 年，在此假设设备折旧年限为 20 年。

在我国，火力发电的投资回收期通常为 15～30 年，核电的投资回收期约为 50 年，回收期都比较长。所以将光伏发电系统的投资回收期设定为 20 年，计算分析其可行性是合乎实际的。

5. 发电量的测算

前文采用软件对系统发电量进行模拟，以 22°安装角度为例，模拟得到年发电量为 2554.1kWh，每 1kWp 光伏组件每年发电量为 638.5kWh。

根据我国工业和信息化部对光伏组件产品性能的要求，多晶硅光伏组件 1 年内衰减不得高于 2.5%，或者 25 年不得高于 20%(递进衰减)。按 20 年计算，每年的衰减低于 1%，为简化计算，可以假定光伏电站安装运行后，每年的发电量是常数。

6. 光伏发电补贴

为鼓励光伏发电的投入使用,政府制定相应的光伏发电补贴政策,如清洁发展机制
(clean development mechanism,CDM)指标销售收入和来自政府的其他补贴。CDM 即清
洁发展机制,主要通过发达国家为发展中国家提供资金和技术,二者进行项目级的合作,
发达国家可以得到合作项目产生的全部或部分经核证的减排量,将其用于履行在《京都议
定书》下关于减少本国温室气体排放的承诺。一般 CDM 项目为具有一定规模的水电、风电、
光电等项目。此处暂时不考虑 CDM 收入,如果是进行规划性的大规模建设,则可考虑。

根据重庆市光伏扶贫中的政策保障,对已建卡的贫困户,市级财政扶贫资金补助
8000 元/户。可以将该补贴一次性折算到初始投资费用中,装机成本降低至 6.1 元/Wp。

6.3.2　度电成本计算

光伏发电系统的运行不需要采购燃料,日常运营费用很少,其成本电价主要取决于固
定资产折旧,即与投资回收期密切相关。成本电价是在预定的投资回报期内能够收回光伏
发电系统总投资成本的最低电价。

光伏发电系统初始投资与系统装机容量的关系为

$$C_p = C_{ivs} / P \tag{6.3}$$

式中,C_p——单位装机容量的装机成本,元。

光伏发电系统的 CDM 其他补贴收入与系统装机成本之间的关系为

$$i_{sub} = I_{sub} / C_{ivs} \tag{6.4}$$

式中,i_{sub}——电站的其他补贴收入系数;

I_{sub}——单位装机成本的其他补贴收入,元;

在这里将政府补贴计入装机成本后,不再进行补贴系数的计算。

成本电价计算公式为

$$T_{cost} = C_p (1 / P_{er} + R_{op} - i_{sub}) / H_{fp} \tag{6.5}$$

式中,C_p——单位装机容量的装机成本,元/kWp;

P_{er}——系统设备折旧年限,年;

R_{op}——运营费率;

i_{sub}——其他补贴收入系数;

H_{fp}——单位装机容量光伏组件每年发电量,kWh/kWp。

对于分布式光伏扶贫项目的并网输电,免收随电价征收的各类基金和附加费,以及系
统备用容量费和其他相关并网服务费。在该政策条件下,测算出并网光伏度电成本为
0.50/kWh 左右。对于扶贫项目的农户,上网电价按现行的三类资源区光伏标杆上网电价
1.00 元/kWh 执行,足以在 20 年内收回成本。

6.3.3　投资回收期计算

1. 光伏发电系统的年收入

光伏发电系统的年收入为

$$I_p = PH_{fp}T_{arif} + I_{sub} \tag{6.6}$$

式中，I_p——光伏发电系统年收入，元；

　　　　P——系统装机功率，kW；

　　　　T_{arif}——上网电价，元/kWh；

　　　　I_{sub}——其他补贴，元。

2. 光伏发电系统的年利润

光伏发电系统的年利润为

$$I_{int} = I_p - C_{op} - C_{fn} \tag{6.7}$$

式中，I_{int}——光伏发电系统年利润，元；

3. 投资回收期

投资回收期为

$$N = C_{ivs} / I_{int} \tag{6.8}$$

式中，N——静态投资回收年限，年。

根据以上公式，计算得到该系统的投资回收数据如表6.14所示。

表6.14　投资回收年限

安装倾角/(°)	年收入/元	年利润/元	投资回收期/年
22	2554.1	2392.1	10.2
0	2662.2	2500.2	9.8
5	2662.3	2500.3	9.8
10	2651.7	2489.7	9.8
15	2628.9	2466.9	9.9

投资回收年限为9.8～10.2年，这个时间对于分布式光伏投资来说显得略长，投资回收期的年限达到了整个周期的一半。但是在约10年成本收回之后，系统还可以运行10年，其间是纯受益的。

6.4　生命周期评价

6.4.1　光伏发电系统生命周期评价概述

生命周期评价(life cycle assessment，LCA)的定义为：对一个产品系统的生命周期中输入、输出及其潜在环境影响的汇编和评价。生命周期评价的应用范围如下：评估一种产品、工序和生产活动造成的环境负载,评价途径是确定和定量化研究能量和物质利用、废弃物的环境排放;评价能源材料利用和废弃物排放的影响;评价环境改善的方法。

图 6.13 为生命周期评价的框架,其展示了最主要的流程。

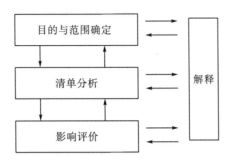

图 6.13　生命周期评价框架

对于光伏发电系统,生命周期评价中最重要的是反映我国目前生产水平的并网光伏发电系统生命周期清单。光伏发电系统生命周期的理论研究范围应从硅石的开采到光伏发电系统成品投入使用,再到产品的拆解回收,如图 6.14 所示。

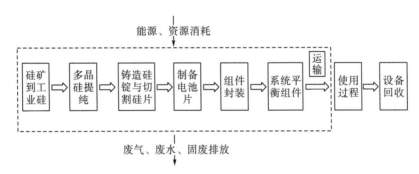

图 6.14　多晶硅光伏发电系统生命周期边界

对应多晶硅光伏发电系统生产的各个过程,划分出子系统,然后梳理各个子系统的工艺流程,列出数据清单,以产品系统的边界定义来对数据进行汇总。将光伏发电系统在生命周期(25 年)内从生产到使用,最后到回收的直接物耗和能耗,对涉及能源和辅料生产环境影响的数据进行整理。

根据现有文献的研究结果,我国多晶硅并网光伏发电系统生命周期的具体能耗如表 6.15 所示。

表 6.15　1kWp 建筑并网光伏发电系统生命周期能耗

制造	过程能耗/kWh	辅料能耗/kWh	能耗总和/kWh	百分比/%
工业硅	121.5	154.2	275.7	8.7
多晶硅提纯	1417.5	79.5	1497.0	47.5
铸锭切片	260.0	157.7	417.7	13.2
制备	150.0	8.2	158.2	5.0

制造	过程能耗/kWh	辅料能耗/kWh	能耗总和/kWh	百分比/%
封装	90.0	285.0	375.0	11.9
辅件生产	150.0	215.0	365.0	11.6
使用	0.0	0.2	0.2	0.0
回收	0.4	0.0	0.4	0.0
运输	64.4	0.0	64.4	2.0
总计	2253.8	899.8	3153.6	100

1kWp 并网光伏发电系统生命周期一次性能源消耗量为 3153.6kWh/kWp，折合 11353MJ/kWp。光伏发电系统过程能耗约为 2253.8kWh，其中多晶硅提纯、铸锭切片环节的能耗占到了 60.7%。系统辅料生产能耗约为 899.8kWh，主要是封装、辅件生产和铸锭切片环节。

6.4.2 能量回收期计算

能量回收期(energy payback time，EPT)是用于评价能源的常用指标。根据生命周期评价方法，光伏发电系统的能量回收期可以用光伏发电系统生命周期过程的总能耗与其安装运行每年所产生的能量之比来表示。这一时间也就是光伏发电系统需要用来抵消其生命周期过程总能耗的最少运行时间。能量回收期越短，表明光伏发电系统从生产到回收的能耗能够通过运行较快回收，在光伏发电系统生命周期剩余年限系统所产生的能量就为净产能。

能量回收期计算公式如下：

$$\text{yr} = Q_{\text{con}} / Q_{\text{out}} \tag{6.9}$$

式中， yr ——能量回收期，年；

Q_{con} ——光伏发电系统生命周期总能耗，MJ；

Q_{out} ——光伏发电系统年能源输出量，MJ/年。

计算得到该典型建筑的光伏发电系统能量回收期如表 6.16 所示。

表 6.16 不同安装倾角能量回收期

安装倾角/(°)	22	0	5	10	15
能量回收期/年	4.9	4.7	4.7	4.8	4.8

按照屋顶角度(22°)安装能量回收期为 4.9 年，0°与 5°为 4.7 年，10°与 15°为 4.8 年。这个数值远小于其生命周期，剩余的 15 年多为能量净输出。从能源的角度来看，光伏发电系统具有较好的节能效益。

6.4.3　环境效益计算

目前，我国火力发电的发电量占总体发电量的 60%～70%，火电依然是发电方式的主体。我国现在处于经济高速发展阶段，电力需求规模仍然很大。其他发电方式，如核电、水电、风电等不可能替代火电。

火力发电的类型有燃煤、燃油、燃气发电，生物质发电，垃圾发电等。据相关文献统计，2010 年我国装机容量在 6000kW 及以上火力发电厂中，燃煤发电装机和发电量占到全国的 3/4 以上，燃气发电装机容量和发电量比例不到 3%。

长期以火力发电为主造成了严重的环境污染，煤炭燃烧排放的 SO_2、NO_x 等酸性气体形成的酸雨，电站周边的粉煤灰污染，都给植被生长和居民生活造成了负面影响。

相关文献从人类健康、生态影响、资源耗竭、能源耗竭对燃煤发电和光伏发电系统进行了环境影响的对比。研究结果表明，在生产同样多电力的情况下，并网光伏发电系统对环境的影响要小于燃煤发电，特别是从资源耗竭来看，光伏发电系统发电影响远小于燃煤发电。

以 22°安装角度为例，本工程年总模拟发电量为 2554.1kWh，根据折算方法可以折算出此工程的节能减排效益如下。

1. 系统的常规能源替代量（标煤）

系统的常规能源替代量（标煤）计算公式为

$$Q_{td} = DE_n \tag{6.10}$$

式中，Q_{td}——标煤节约量，kg/年；

　　　D——每度电折合所耗标煤量（kgce/kWh），2015 年为 0.365kgce/kWh（kgce 指千克标准煤）；

　　　E_n——太阳能光伏发电系统年发电量，kWh。

2. 二氧化碳减排量

二氧化碳减排量计算公式为

$$Q_{dCO_2} = 2.47Q_{td} \tag{6.11}$$

式中，Q_{dCO_2}——二氧化碳减排量，kg/年；

　　　2.47——标准煤的二氧化碳排放因子，无量纲。

3. 二氧化硫减排量

二氧化硫减排量计算公式为

$$Q_{dSO_2} = 0.02Q_{td} \tag{6.12}$$

式中，Q_{dSO_2}——二氧化硫减排量，t/年；

　　　0.02——标准煤的二氧化硫排放因子，无量纲。

4. 粉尘减排量

粉尘减排量计算公式为

$$Q_{dfc} = 0.01Q_{td} \tag{6.13}$$

式中，Q_{dfc}——粉尘减排量，kg/年；

    0.01——标准煤的粉尘排放因子，无量纲。

该项目按 22°角度安装，每年可以节能减排的量如表 6.17 所示。

表 6.17　系统节能减排量

序号	项目	数值
1	系统全年发电量	2554.1kWh
2	全年常规能源替代量	932.2kgce/年
3	CO_2 减排量	2302.6kg/年
4	SO_2 减排量	18.6kg/年
5	粉尘减排量	9.3kg/年

6.5　本　章　小　结

本章首先参考《重庆市巴渝新农村民居通用图集》（2010 年版），对重庆地区的农村建筑进行了选取，讨论可利用的屋面，对光伏发电系统进行了初步的容量、电气及安装设计。初步设计系统装机功率为 4kW，安装角度为屋面倾角 22°。

然后对 PVsyst 模拟软件进行了简要介绍，利用软件建立了该建筑模型，模型清楚地反映了两个屋面的形状、面积、倾角和相互位置。在软件内对组件、逆变器进行选型，对组件安装方式、连接方式、线缆的截面大小进行了选择。模拟结果为系统年总发电量 2554.1kWh，系统综合效率 76.0%。对组件安装倾角进行季节调整，调整为夏季（4～9 月）0°，冬季（10 月至次年 3 月）20°，改变后系统年总发电量为 2651.9kWh。继续模拟安装倾角为 0°、5°、10°、15°的年发电量，均相对于 22°有所提高，0°、5°两个角度的年发电量多于季节调整角度。

利用前文 PVsyst 软件模拟出的系统年发电量，参考重庆地区的光伏发电政策及现有的光伏发电系统的投资，计算出该建筑并网光伏发电系统的投资回收期为 9.8～10.2 年，投资回收期略长。参考现有文献结论，计算出能量回收期为 4.7～4.9 年，环境效益相对于火力发电总体较好。

第7章 光伏发电系统应用分析

为了更好地推进光伏发电系统在重庆地区的建筑一体化应用，充分匹配该地区太阳能资源与建筑需求，本章结合重庆地区推进的光伏发电扶贫和某实际工程案例，对光伏发电系统在实际中的应用策略进行阐述。

7.1 重庆地区光伏发电系统应用策略

为了提高光伏发电系统的商业竞争力，更好地保证光伏发电系统的期望产出，结合重庆地区推进的分布式光伏电站建设，对分布式光伏发电系统的运行、设计方面进行具体的策略分析，有利于改善光伏发电系统的应用效果。

7.1.1 设计安装策略

1. 适宜地点

根据重庆市扶贫开发办公室印发的《重庆市光伏扶贫试点调查报告》，调查结果显示，某试点户屋顶安装的 3kW 分布式光伏电站，213 天发电 2165.9kWh，平均每千瓦每日发电量为 3.39kWh。凡组件安装正确，管理规范的试点户发电效益都较好。但也存在一些问题，例如：安装方面，少数电池板安装朝向、倾角不正确，输出电线长、直径小；运行方面，组件未进行清洗，不对电站进行巡查，不能及时发现问题。

重庆地区 30 年年均日照时数统计如表 7.1 所示。

重庆市扶贫开发办公室选择的巫山、巫溪和奉节三个县是重庆市太阳能资源最好的县，年均日照时数均在 1400h 以上。从辐照量看，巫溪、巫山、奉节等地在 3700MJ/m² 以上，彭水、南川等地在 2930MJ/m² 以下。《中国统计年鉴》中以沙坪坝区作为观测点，年均日照时数为 1100～1200h，年均辐照量约为 3058.5MJ/m²，可将其作为重庆主城区的数据。

发展光伏扶贫重点区(县)为巫山、巫溪、奉节、云阳，这几个地点光伏发电系统的投资回收期、能量回收期会比前文计算出来的更短，可将城口、开州、丰都、石柱作为备选区(县)。

对于巫山、巫溪这类地区，其人口密度低，农村屋顶以及周边有大量的土地适宜进行光伏电站的安装和建设。需要注意的是，在选择荒山、荒坡修建光伏电站时，应重点考虑并网距离问题。输送电缆线越长，其内阻就越大，引起电压降落，损失发电量。选取大的电缆型号、减少通过电流或缩短电缆铺设长度均有助于减少线路上的电压降。

表 7.1   重庆地区近 30 年日照时数

序号	区(县)名称	年均日照时数/h
1	巫山	1539.6
2	巫溪	1497.8
3	奉节	1439.8
4	云阳	1368.8
5	城口	1293.1
6	开州	1279.9
7	丰都	1251.7
8	石柱	1232.3
9	忠县	1204.7
10	万州	1167.8
11	潼南	1097.5
12	秀山	1088.3
13	黔江	1077.9
14	武隆	1076.2
15	涪陵	1071.7
16	酉阳	1052.2
17	南川	1032.5
18	彭水	888.5

重庆市于 2015 年投资近 3000 万元,在巫山、巫溪、奉节三地的 43 个贫困村建成分布式光伏电站 689 个,装机容量为 3627kWp。其中为贫困户安装户用光伏电站 656 个,装机容量为 1968kW;利用农业企业、村学校、集体空地安装了村级集体电站 33 个,装机容量为 1659kW。图 7.1 为重庆奉节户用光伏发电系统安装现场图,图 7.2 为重庆奉节太和乡分布式电站示意图。

图 7.1   重庆奉节户用光伏发电系统安装

图 7.2　重庆奉节太和乡分布式电站

试点项目支持每户安装 3kW 以上的分布式光伏发电系统。据相关测算，农户安装 3kW 的光伏发电系统，共需投资 2.4 万元。资金来源分为三部分：市扶贫专项资金和区(县)配套资金各提供财政补贴 8000 元，农户自筹 8000 元。光伏发电系统预计每年可为贫困户带来约 3000 元收入，这个效益是稳定、长期、不受市场供求关系影响的，并且贫困户可以在之后的 20~25 年获得持续性收入。

2. 安装形式及间距

除了按坡屋顶角度安装，在平屋顶面积足够的情况下，分布式光伏发电系统也可能按一定角度安装在水平面上。这个时候为了避免光伏组件之间的相互遮挡，必须考虑一定的安装间距。光伏组件安装示意图如图 7.3 所示。

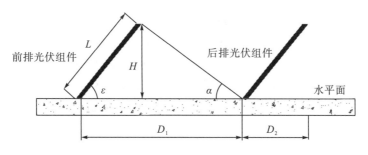

图 7.3　光伏组件间距计算模型

图 7.3 中，L 为光伏组件倾斜面长度(该长度可能是一块组件的长度，也可能是两块至三块组件组成的长度)，D_1 为前排光伏组件影子长度，D_2 为组件投影到水平面上的长度，H 为倾斜面的相对高度，α 为太阳高度角，ε 为倾斜面角度。从图中可以看出，前排到后排的间距 D 由 D_1 和 D_2 两部分组成。

其中 D_2 可以通过简单的计算得到，计算公式如下：

$$D_2 = L\cos\varepsilon \tag{7.1}$$

D_1 的计算稍复杂，因为太阳光线实际并不总是朝向正南，而是存在一定的角度。太阳光线的三维投影如图7.4所示，其中 β 是太阳光线偏东或偏西产生的方位角。

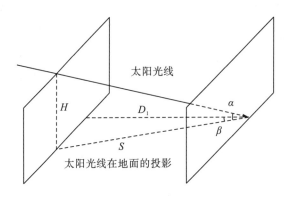

图 7.4　太阳光线的三维投影

光线水平投影图中的三角关系有以下两个公式：

$$\tan\alpha = H/S \tag{7.2}$$

$$\cos\beta = D_1/S \tag{7.3}$$

式中，　α ——太阳高度角；

　　　　β ——太阳方位角；

　　　　H ——倾斜面相对高度，m；

　　　　S ——太阳光线在地面的投影长度，m；

　　　　D_1 ——前排光伏组件影子长度，m。

又由 H 与 L 的三角关系 $(H = L\sin\varepsilon)$，可以得到 D_1 的计算公式如下：

$$D_1 = L\sin\varepsilon\cos\beta/\tan\alpha \tag{7.4}$$

整理以上公式，得出间距 D 的计算公式如下：

$$D = L\cos\varepsilon + L\sin\varepsilon\cos\beta/\tan\alpha \tag{7.5}$$

太阳高度角和方位角与当地纬度及时刻的关系如下：

$$\sin\alpha = \sin\varphi\sin\delta + \cos\varphi\cos\delta\cos\omega \tag{7.6}$$

$$\cos\beta = (\sin\alpha\sin\varphi - \sin\delta)/(\cos\alpha\cos\varphi) \tag{7.7}$$

式中，　φ ——当地纬度；

　　　　δ ——太阳赤纬角；

　　　　ω ——时角。

1) 太阳赤纬角

太阳赤纬角是指太阳中心与地球中心的连线与赤道平面的夹角。赤纬角与地区无关，只与一年中的某月某日有关。日赤纬的变化范围在-23°27'~23°27'。春分或秋分日 $\delta = 0°$，冬至日 $\delta = -23.5°$，夏至日 $\delta = 23.5°$。

2）时角

对于地球上同一时刻、同一经纬度的人，太阳时角是相同的。时角 ω 是地球在单位时间自转的角度。为方便计算，规定正午时角为零，上午为负值，下午为正值。地球自转一周 360° 所对应的时间为 24 小时，即每小时对应时角为 15°。时角计算公式如下：

$$\omega = 15 \times (ST - 12) \tag{7.8}$$

式中，ST ——太阳时。

冬至日太阳直射南回归线，该日北半球全年白日最短、夜晚最长，为北半球影子长度全年最长的一天。工程上通常使用冬至日的参数来计算阵列间距。

冬至日的赤纬角 $\delta = -23.5°$，保证冬至日 9:00～15:00 内光伏阵列间不遮挡，因此时角从 135° 到 225° 变化，按整点角度计算。重庆地区纬度为 29.5°。光伏组件安装角度在 0°～20° 每 5° 变化，计算出太阳高度角、方位角的数值如表 7.2 所示。

表 7.2 冬至日太阳高度角、方位角数值

时刻	$\sin\alpha$	$\cos\beta$
9:00	0.368	0.717
10:00	0.495	0.849
11:00	0.575	0.957
12:00	0.602	1.000
13:00	0.575	0.957
14:00	0.495	0.849
15:00	0.368	0.717

从表 7.2 中可以看到的是 12:00 以后 $\sin\alpha$ 和 $\cos\beta$ 的数值与 12:00 前对称，那么下面只用计算 9:00～12:00 的间距。在此不考虑组件拼接，仅按一块组件的长边计算，不同倾斜面角度的安装间距计算结果如表 7.3 所示。

表 7.3 不同倾斜角度安装间距 （单位：m）

倾角	时刻			
	9:00	10:00	11:00	12:00
0°	1.64	1.64	1.64	1.64
5°	1.89	1.85	1.83	1.82
10°	2.13	2.04	2.00	1.99
15°	2.35	2.22	2.16	2.15
20°	2.56	2.38	2.31	2.29

从计算结果可知，当阵列按 5° 安装时，需要间距为 1.89m；10° 时，需要间距为 2.13m；15° 时，需要间距为 2.35m；20° 时，需要间距为 2.56m。当按 10° 安装时，安装间距是 0° 安装的 1.3 倍，20° 达到了约 1.6 倍。理论计算 10° 倾斜面的太阳辐照度全年最大，但其总

量仅比 0°大 2.54MJ/m²。因此，在水平面上安装时，若场地有限，则按 0°安装，节约安装面积；若场地较宽阔，则可按 10°安装。

7.1.2　运行优化策略

1. 空气冷却

随着电池表面温度的升高，其光电转换效率会降低，最主要是由于辐射转换成了热量。为了获得更高的光电转换效率，光伏组件应当通过某种方式散发热量来进行冷却。可以将流体如流动的空气或水放在组件的后方或前方，使其进行一定的热交换。通过前期实验测试发现重庆地区夏季太阳辐射强、气温高，系统效率很低，这个时段需要一定的措施使太阳辐射得到更好的利用，提高系统效率。

空气冷却利用空气的流动带走背板的热量，分为主动式冷却和被动式冷却两种。被动式冷却依靠自然对流来达到降温的目的，不需要动力源；反之，主动式冷却需要耗费能量，冷却效果优于被动式冷却。

组件通常分为五层，从上到下依次是玻璃盖板、EVA 胶膜、电池片、EVA 胶膜、背板。光伏组件结构分层示意图如图 7.5 所示。在此不分析每一层的传热过程，将组件作为一个整体进行考虑。

图 7.5　光伏组件结构分层示意图

热平衡模型的基础是能量守恒方程，光伏组件和周围的环境组成的系统是物理建模的对象。热平衡模型分为稳态和非稳态两种，在此仅讨论稳态热平衡模型。为更简便地研究问题，假设组件表面温度均匀，忽略光伏组件边缘的换热；材料的热物理性质是均匀的，且与温度无关；环境温度保持恒定不变；光伏组件的长和宽远大于其厚度，这就近似于无限大平板的导热，故将光伏组件的传热看成一维稳态传热。

组件的能量平衡方程如下：

$$Q_{in} - Q_{pv} = Q_R + Q_{con} \tag{7.9}$$

式中，Q_{in}——光伏组件接收的太阳辐射能量，MJ；

　　　Q_{pv}——组件输出电能，kWh；

　　　Q_R——组件与环境辐射换热量，MJ；

　　　Q_{con}——组件与环境对流换热量，MJ。

单位面积吸收的太阳能 q_{in} 的计算公式为

$$q_{in} = (\tau\alpha)_n I_{AM} G_T \tag{7.10}$$

式中，$(\tau\alpha)_n$——组件垂直入射太阳辐射透射率和吸收率的乘积；

I_{AM}——考虑非垂直入射辐射的影响引入的入射角修正系数；

G_T——组件单位面积总入射辐照度，W/m^2。

单位面积组件输出电能 q_{pv} 的计算公式为

$$q_{pv} = \eta_e G_T \tau_n I_{AM} \tag{7.11}$$

式中，η_e——组件工作效率；

τ_n——垂直入射太阳辐射的透射率。

组件输出功率取决于组件光电转换效率，而其又与组件温度和太阳辐照度有关。在这里为简化计算，将 η_e 看成定值，可以使用组件的平均效率来代替。

组件与环境之间的辐射换热可以根据斯特藩-玻尔兹曼定律进行计算，计算公式为

$$Q_{con} = A\sigma \left[F_{f,s}(\varepsilon T_{pv}^4 - \varepsilon_s T_s^4) + F_{f,g}(\varepsilon T_{pv}^4 - \varepsilon_g T_g^4) + F_{b,s}(\varepsilon T_{pv}^4 - \varepsilon_s T_s^4) + F_{b,g}(\varepsilon T_{pv}^4 - \varepsilon_g T_g^4) \right] \tag{7.12}$$

式中，T_{pv}——组件表面温度，K；

T_s——天空温度，K；

T_g——地面温度，K；

σ——斯特藩-玻尔兹曼常量；

ε——光伏组件表面的发射率；

ε_s——天空发射率；

ε_g——地面发射率；

F——角系数。

对流换热过程是一个受多种因素影响的复杂过程，组件与环境的对流换热基本计算公式为牛顿冷却公式：

$$\phi = h(t_w - t_f)A \tag{7.13}$$

式中，ϕ——对流换热量，W；

h——对流换热系数，$W/(m^2 \cdot K)$；

t_w——壁面温度，K；

t_f——流体温度，K；

A——换热面积，m^2。

由流体力学的内容可知，层流和湍流是流体沿固体壁面的两种流态。湍流时，由于涡旋扰动的因素，对流传递作用得到强化，换热效果较好。

无相变的对流换热一般分为自然对流换热和受迫对流换热。自然对流换热是由流体内部的温差产生的密度差引起的流体流动而产生的热量传递；受迫对流换热是由水泵、风机、水压头等作用引起的流体流动而产生的热量传递。一般来说，受迫对流的流速较自然对流快，因此其表面传热系数也更高。在使用对流换热系数时，必须考虑是自然对流还是受迫对流。

在这里，采用参考文献给出的方法，简要计算组件表面的对流换热系数。该方法考虑了组件表面与环境之间的温差、光伏组件倾角对玻璃盖板表面对流传热系数的影响，计算公式如下：

$$h = \sqrt{h_n^2 + (2.38V^{0.89})^2} \tag{7.14}$$

式中，V ——标准风速，通常情况下取 10m 高空的风速值，m/s；

　　h_n ——由自然对流引起的换热系数，与组件表面温度与环境温度二者的关系有关。

当组件表面温度 T_{pv} 大于环境温度 T_a 时，空气向上流动，h_n 用式(7.15)进行计算：

$$h_n = 9.482 \frac{\sqrt[3]{|T_{pv} - T_a|}}{7.328 - |\cos\theta|} \tag{7.15}$$

式中，θ ——光伏组件安装倾角。

当组件表面温度 T_{pv} 小于环境温度 T_a 时，空气向下流动，h_n 用式(7.16)计算：

$$h_n = 1.810 \frac{\sqrt[3]{|T_{pv} - T_a|}}{1.382 + |\cos\theta|} \tag{7.16}$$

　　将以上计算公式代入能量平衡方程，可以解出光伏组件表面温度 T_{pv}。正如前文所分析的，光伏发电效率很低，自然对流能带走的热量很少，如果不利用受迫对流来带走组件多余的热量，那么组件本身温度会更高。

　　前文用通风实验对光伏组件的温度降低进行了初步的探索和研究。剔除通风实验两日数值，将重庆夏季 7 月组件背板温度以及环境温度求月平均值，如图 7.6 所示。

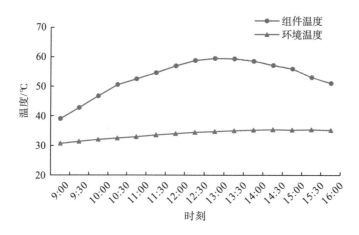

图 7.6　月平均环境温度和组件温度

　　从图 7.6 中可以看出，7 月的组件温度从上午 9:00 开始就已经接近 40℃，此时环境温度超过 30℃。组件温度从 9:00 起逐渐上升，到 13:00 达到峰值，此时日均组件温度已经接近 60℃，随后有所下降。而环境温度从 9:00 起逐渐上升，13:00 后仍有小幅上升，维持在 35℃左右。由此月均数据可以看出，如果使用 35℃的空气给 60℃的组件通风降温，就算是受迫对流，换热效果也不会太理想。

　　空气冷却系统的构造相对简单，且成本低，实际操作方便。然而，空气的换热系数较低，冷却效果有限，特别是在低纬度地区，当环境温度也较高时，冷却效果较差。另外，空气在进行冷却后直接排到大气中，并没有将热能利用起来，综合效率中实际上只有光电利用的效率。

　　综合以上分析，空气冷却适合于高纬度、高海拔且中午气温相对不高的地区，重庆地区不适合利用空气冷却的方式。

2. 光伏/光热一体化

热物性较好的水是一种良好的冷却介质。这种利用流体作为冷却介质的系统称为混合系统，即光伏/热(photovoltaic/thermal，PV/T) 系统，既可以将太阳辐射能转换成电能，同时也可以从光伏板吸收热量产出热能。这样光伏板可以在一个较低的温度运行，热量以热水形式产出可以供生活热水使用。PV/T 集热器结构示意图如图 7.7 所示。

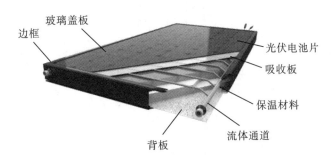

图 7.7　PV/T 集热器结构示意图

PV/T 集热器基本原理是光伏电池和太阳能吸热板对太阳光的吸收波长不同，将二者结合起来能够让太阳辐射得到最大限度的吸收和利用。入射光照射到 PV/T 集热器表面后，通过玻璃盖板的折射，光线落到太阳能电池表面。此时，波长为 0.3～1.1μm 的入射光一部分被电池表面反射，其余部分被电池吸收，波长大于 1.1μm 的入射光不能被太阳能电池所利用，被电池反射或被电池片下方的吸热表面吸收。吸收板下方布置有流体通道，流体如水在管道中流动，带走热量。流体通道下方有保温材料防止热量损失，以提高集热器热量利用效率。

示意图中的热管式集热器是最容易制造的结构，并且其有一定的承压能力。流体通道除了热管式，还有一种称为扁盒式。相比于管板式集热板，扁盒式集热器的集热板和流体之间的接触面积较大，换热性能好，效率较高，其剖面结构如图 7.8 所示。金属板与电池间的绝缘问题是其制作和运行的关键所在。

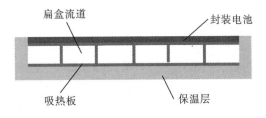

图 7.8　扁盒式集热器剖面

PV/T 集热器中的工质有两种循环方式：自然循环和强制循环。自然循环不需要外部驱动装置，依靠的是传热工质温差引起的密度差而产生热虹吸作用，一般用在直接式系统中，承压能力不强。强制循环需要在管路中设置循环水泵等动力装置，使水在管路中循环流动，这种循环方式可以用在直接式或间接式系统中，承压能力较强。

　　水泵的运行会产生能耗，据相关实验研究，PV/T 系统采用强制循环的总效率仅比自然循环高不到 10%。因此，为减少能源的消耗，本书采用自然循环式光伏热水一体化系统，系统连接如图 7.9 所示。

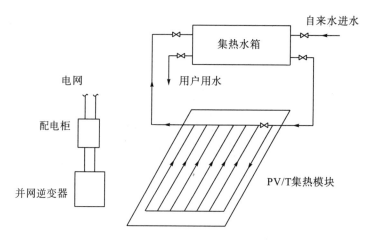

图 7.9　光伏热水一体化系统示意图

　　PV/T 集热器的热性能可以由其能量平衡方程来描述：

$$Q_a = Q_h + Q_w + Q_c \tag{7.17}$$

式中，Q_a——PV/T 集热器得到的总能量，MJ；

　　　　Q_h——PV/T 集热器的有用能量收益，MJ；

　　　　Q_w——PV/T 集热器向环境的散热损失，MJ；

　　　　Q_c——PV/T 集热器本身的储能，MJ。

　　PV/T 集热器得到的总能量 Q_a 可以由式 (7.18) 计算：

$$Q_a = G(1-\alpha)\tau\alpha_x A_c + (h_{tp} + h_{rtp})(T_{pv} - T_c)A_c \tag{7.18}$$

式中，G——单位面积采光面上的太阳辐照度，W/m²；

　　　　α——太阳能电池的有效吸收率；

　　　　τ——光伏电池的透光率；

　　　　α_x——吸收板的有效吸收率；

　　　　A_c——集热器采光面积，m²；

　　　　h_{tp}——吸热板与太阳能电池之间的对流换热系数，W/(m²·K)；

　　　　h_{rtp}——吸热板与太阳能电池之间的辐射换热系数，W/(m²·K)；

　　　　T_{pv}——太阳能电池温度，K；

　　　　T_c——环境温度，K。

　　PV/T 集热器有用能量收益 Q_h 可以由式 (7.19) 计算：

$$Q_h = A_z \rho \upsilon c(T_{out} - T_{in}) \tag{7.19}$$

式中，A_z——流体通道截面积，m²；

ρ——水的密度，kg/m^3；

υ——水的流速，m/h；

c——水的比热容，$J/(kg·K)$；

T_{out}——水的进口温度，K；

T_{in}——水的出口温度，K。

PV/T 集热器向环境的散热损失 Q_w 可以由式(7.20)计算：

$$Q_w = A_s U_w (T_s - T_a)$$ (7.20)

式中，A_s——PV/T 板与环境接触面积，m^2；

U_w——集热器总热损失系数；

T_s——集热器平均温度，K；

T_a——环境温度，K。

PV/T 集热器本身的储能 Q_c 可以由式(7.21)计算：

$$Q_c = (Mc)_s \frac{dT_s}{dt}$$ (7.21)

式中，$(Mc)_s$——集热器的热容量，J/K。

PV/T 系统的综合效率需要结合电能和热能进行评价。电能是高品位能源，而热能是低品位能源，二者之间存在一定的转换效率。因此，PV/T 系统的综合能效评价标准可以由式(7.22)计算：

$$E_f = \eta_e / \eta_{power} + \eta_{th}$$ (7.22)

式中，E_f——PV/T 系统的综合效率；

η_e——光伏发电效率；

η_{power}——常规电厂发电效率，一般取 0.38；

η_{th}——光热效率。

虽然在理论上低进口水温有利于提高光伏发电效率和光热效率，但在实际应用中一般无法对进口水温进行调节。此外，热效率、光伏发电效率与热水终温之间始终存在矛盾。因此，如何平衡效率和热水终温，即选择水箱容积和集热面积的比例是十分重要的。

研究表明，以天津地区典型年气象参数模拟的非晶硅 PV/T 系统全年的发电效率为4.6%，全年的热效率为37.0%，根据式(7.22)计算出系统的综合效率为49.1%。PV/T 系统的年发电效率相对于普通的非晶硅光伏发电系统的全年发电效率的 4.0%提高了 15%，且综合效率远大于普通的光伏发电系统。PV/T 系统的热效率较普通热水系统全年发电效率41.6%有所下降。

模拟结果表明，天津地区的 PV/T 系统在夏、秋两季水箱终温可以达到 40℃以上，春季水箱终温一般为 30～40℃，冬季一般为 20～30℃。结论是夏、秋两季更适合用 PV/T 系统。

水冷却的效果较空气冷却好，自然循环式 PV/T 系统结构简单，成本较低，并且不存在噪声问题，在低纬度、低海拔地区应用得较多，不适用于冬季存在结冰现象的地区。重庆地区不存在冬季防冻的问题，不需要排空处理或者增加防冻液二次循环，并不会增加投资和系统复杂度。重庆地区夏季和春季的太阳能资源情况较好，可考虑夏季运行时将光伏发电系统与热水相结合。PV/T 系统在重庆地区的应用非常值得研究。

7.2　某项目光伏发电系统发电量分析

为探究光伏发电系统在实际应用中的发电效果，本节以重庆地区某一项目为例进行光伏发电系统发电量的分析计算，以期能为相关设计、施工人员提供一定程度的指导，为后续供能形式的选择提供依据确定，指导该项目太阳能光伏发电系统能源利用实施工作。

该项目以交通枢纽功能为基础，集国际交往、商业商务、应用创新、品质居住于一体的综合性门户区，其中枢纽站房具有大体量、大面积、大空间、大屋顶的特点，周边没有大型建筑物遮挡，为与光伏发电系统的一体化提供了得天独厚的条件。

7.2.1　枢纽建筑光伏发电系统发电量

将光伏板铺设在枢纽站房的屋顶或者雨棚上，根据图 3.39 逐月发电量实测数据，每 $1000m^2$ 全年逐月发电量根据不同的光伏类型，即单晶硅光伏板、多晶硅光伏板、铜铟镓硒薄膜光伏板的情况分别如图 7.10 所示。

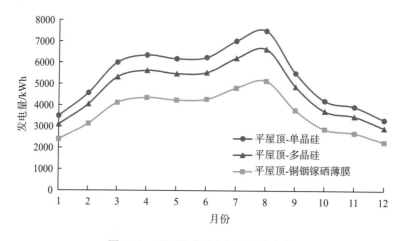

图 7.10　不同光伏板全年逐月发电量

枢纽站房南向、东南向、西南向垂直墙体也为光伏建筑一体化设计提供了可能，因为这些墙体相比正南方向的方位角多变，不容易采用实验手段对其进行全年测试，所以这部分墙体接收的太阳辐照量采用软件模拟的手段进行。

中国标准气象数据(Chinese standard weather data，CSWD)由中国气象信息中心气象资料室与清华大学建筑技术科学系根据中国气象局收集的中国 270 个地面气象站 1971～2003 年实测气象数据开发，除了包括温度极高年、温度极低年等用于模拟供暖空调系统，还包括辐射极高年和辐射极低年用于太阳能系统设计分析。CSWD 气象文件可以在 EnergyPlus 官网下载。

下载的气象文件可以导入气象数据处理软件进行展示分析。目前，可以对气象数据进行前期分析并生成建筑气候分析图进行可视化处理的软件有 Weather Tool 及 Climate Consultant 等。Climate Consultant 由美国加利福尼亚大学洛杉矶分校开发。该软件可以读取全年 8760 小时的气象数据，而且能够将原始数据快速转化成数十种图表，如风速分析图和日照分析图。本书重庆地区气象站文件从 EnergyPlus 官网下载后，导入 Climate Consultant 软件进行可视化处理，并根据建筑立面的朝向计算全年逐月太阳辐照量。

如图 7.11 所示，选取了适宜接收太阳辐射的若干个枢纽垂直立面（立面 A、B、C、D、E）进行光伏一体化设计，并对光伏发电系统进行发电量的模拟计算。立面 A 和立面 B 的法向为南偏东 60°，接收的太阳辐照度相同；立面 C、D、E 的法向近似为南偏西 30°，接收到的太阳辐照度可视为相同。

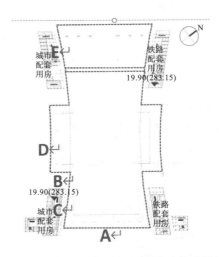

图 7.11　可安装光伏组件的枢纽立面（里面的数字指建筑标高，单位：m）

如图 7.12 右上角所示，Climate Consultant 所读取的气象文件来自 CSWD，该文件从重庆市沙坪坝气象站收集。对于长期的气象监测，沙坪坝气象站采集的太阳辐射数据可代表重庆主城区的太阳能资源。

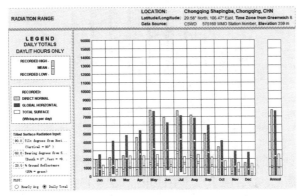

图 7.12　立面 A、B 每个月日平均接收到的总太阳辐照量（白色条）

如图 7.12 左下角所示，立面 A 和立面 B 相对水平面的倾斜角度为 90°，因为立面法向是南偏东 60°，故方位角(bearing degrees from South)取-60°。地表反射率取 20%。勾选 Daily Total，显示每月日平均接收的总太阳辐照量。

基于图 7.12 中计算的太阳辐照量，可以绘出使用单晶硅、多晶硅和铜铟镓硒薄膜光伏组件的每 1000m² 立面 A、B 逐月产生的电能(图 7.13)。

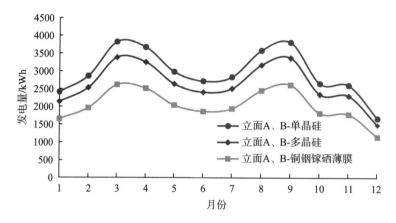

图 7.13　立面 A、B 不同光伏板逐月发电量

类似地，使用 Climate Consultant 计算出立面 C、D、E 每个月日平均接收到的总太阳辐照量，如图 7.14 所示。

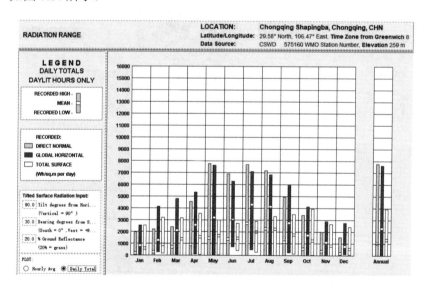

图 7.14　立面 C、D、E 每个月日平均接收到的总太阳辐照量(白色条)

基于图 7.14 中计算的太阳辐照量，可以绘出使用单晶硅、多晶硅和铜铟镓硒薄膜光伏组件每 1000m² 立面 C、D、E 逐月产生的电能(图 7.15)。

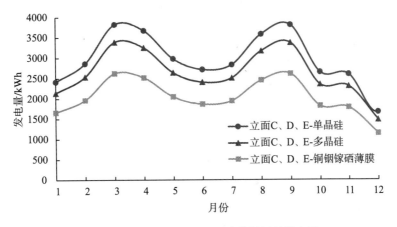

图 7.15　立面 C、D、E 不同光伏板逐月发电量

7.2.2　商业及公共建筑光伏发电系统发电量

　　根据该地区控制性详细规划中的土地利用汇总表、地块控制指标一览表提供的地块编号、用地性质、最大建筑密度等相关信息,计算可得商业建筑的最大占地面积为 215320m^2。但附表中没有提供公共管理与公共服务设施建筑的最大建筑密度,本书参考其他地块建筑密度数值,取为 50%,则公共管理与公共服务设施建筑占地面积约为 68250m^2。

　　此外,根据当地建筑风貌控制中对建筑屋顶控制的规定:大型商业裙房、高层塔楼应做第五立面设计,并设置屋顶绿化,绿化覆盖率不宜低于 30%。因此,屋顶架设的光伏组件面积不大于屋顶面积的 70%,考虑屋顶消防水箱等设备、建筑结构的影响,本书认为商业建筑 50%的面积可以用于铺设光伏组件,铺设面积为 107660m^2。

　　商业建筑屋顶光伏发电系统逐月发电量如图 7.16 所示。

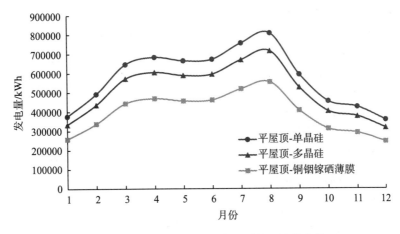

图 7.16　商业建筑屋顶光伏发电系统逐月发电量

　　公共管理与公共服务设施建筑屋顶光伏发电系统逐月发电潜力如图 7.17 所示。

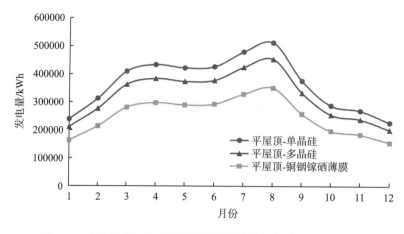

图 7.17　公共管理与公共服务设施屋顶光伏发电系统逐月发电量

7.2.3　路灯灯杆光伏发电系统发电量

该项目现有规划道路包括：

(1)开成路，南起于渝黔复线连接道纵三路立交北侧，北止于开迎路斑竹林立交南侧，全长约 15.1km。

(2)兴塘路拓宽及东延伸段，西起于快速路六纵线兴塘立交东侧，东止于东侧集散通道兴塘东立交西侧，全长约 6.0km。

(3)东侧集散通道，南起于渝湘复线高速，北止于茶涪路，全长约 5.3km。

(4)配套道路共计 16 条(纵向道路 3 条、横向道路 13 条)，总长约 10.5km，其中主干路 3 条，次干路 8 条，支路 5 条。

这些路段的路灯杆上可安装太阳能光伏组件。若道路两边都安装灯杆，按照每 20m 安装一个路灯杆，则路灯杆总数量为 3690 根。若每根路灯杆上的多晶硅光伏组件面积为 0.2m^2，则总发电面积为 738m^2，月均发电量为 3506kWh。若路灯功率为 400W，每日照明 10h，则路灯系统每月耗电量为 442800kWh，光伏发电系统供电量占 0.8%。若路灯功率为 200W，则光伏发电系统供电量占 1.6%。

7.2.4　光伏发电潜力结论及建议

1. 光伏发电潜力结论

将 7.2.3 节中的光伏发电量汇总在表 7.4 与表 7.5 中。

表 7.4　1000m^{2}站房顶棚光伏发电系统逐月发电量 　　　　　　(单位：kWh)

月份	单晶硅	多晶硅	铜铟镓硒薄膜
1	3495	3096	2397
2	4570	4048	3134
3	6002	5316	4116
4	6348	5623	4353

月份	单晶硅	多晶硅	铜铟镓硒薄膜
5	6180	5474	4238
6	6247	5533	4284
7	7022	6219	4815
8	7503	6645	5145
9	5514	4884	3781
10	4218	3736	2893
11	3943	3492	2704
12	3324	2944	2279
月平均	5364	4751	3678

表 7.5　1000m² 站房近南向立面光伏发电系统逐月发电量　　　（单位：kWh）

月份	立面 A、B			立面 C、D、E		
	单晶硅	多晶硅	铜铟镓硒薄膜	单晶硅	多晶硅	铜铟镓硒薄膜
1	2415	2139	1656	3220	2852	2208
2	2862	2534	1962	3475	3078	2383
3	3821	3384	2620	4968	4400	3406
4	3670	3250	2516	5338	4728	3660
5	2979	2639	2043	3896	3451	2671
6	2715	2405	1862	3258	2886	2234
7	2831	2507	1941	3653	3235	2505
8	3578	3169	2454	4630	4101	3175
9	3807	3371	2610	5710	5057	3915
10	2649	2346	1817	4052	3589	2778
11	2599	2302	1782	3465	3069	2376
12	1668	1478	1144	2622	2322	1798
月平均	2966	2627	2034	4024	3564	2759

2. 光伏发电潜力建议

站房屋面和站台雨棚面积如图 7.18 所示。

（1）站台雨棚面积约为 40000m²，若将雨棚全部铺设太阳能多晶硅光伏组件，则这 40000m² 的多晶硅组件月均发电量 190040kWh，日均发电量 6335kWh。若按照每天太阳照射时间 10h 计算，则光伏发电系统发电功率为 634kW，可提供枢纽 4.2%的电负荷。

（2）站房主体屋顶面积约为 120000m²，若考虑到其他设计因素而取 50%的屋面用于铺设太阳能光伏组件，则可铺设约 60000m² 多晶硅光伏组件。若按照每天太阳照射时间 10h 计算，其发电功率为 950kW，可提供枢纽 6.4%的电负荷。

（3）站房东南向立面面积约为 20000m²，若考虑到其他设计因素而取 50%的面积用于安装太阳能光伏组件，则可铺设约 10000m² 多晶硅光伏组件，其月均发电量 26270kWh，日均发电量 876kWh。若按照每天太阳照射时间 5h 计算，则光伏发电系统发电功率为

175kW，可提供枢纽1.1%的电负荷。

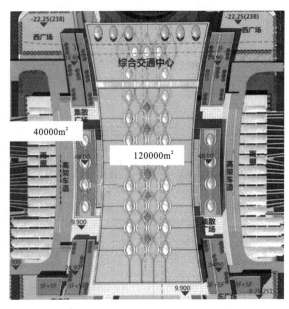

图7.18　站房屋面和站台雨棚面积

（4）站房西南向立面面积约为24848m²，若考虑到其他设计因素而取50%的面积用于安装太阳能光伏组件，则可铺设约12424m²多晶硅光伏组件，其月均发电量44279kWh，日均发电量1476kW。若按照每天太阳照射时间5h计算，则光伏发电系统发电功率为295kW，可提供枢纽2%的电负荷。

（5）商业建筑的最大占地面积为215320m²，若将商业建筑屋顶50%的面积用于安装多晶硅光伏组件，则月均发电量约为511472kWh，日均发电量17049kWh。若按每天太阳照射时间8h计算，则光伏发电系统功率为2131kW，可提供片区1.5%的电负荷。

（6）公共管理与公共服务设施建筑占地面积约为68250m²。若用于安装多晶硅光伏组件，则月均发电量约为324243kWh，日均发电量10808kWh。若按每天太阳照射时间8h计算，则光伏发电系统功率为1351 kW，可提供片区1%的电负荷。

（7）该项目主要道路总计长36.9km，每20m设置一个路灯杆，则共计3690根路灯杆。若每根路灯杆上安装0.2m²多晶硅光伏组件，则总发电面积为738m²，月均发电量为3506kWh，若路灯功率为400W，则可提供路灯系统0.8%的用电量；若路灯功率为200W，则可提供路灯系统1.6%的用电量。

根据以上计算结果，光伏组件安装在枢纽雨棚或屋顶，因面积大、每天日照时间长，所以发电量相比立面安装更多。建议将光伏发电系统设置在枢纽平屋顶。对于东站片区建筑，因为商业建筑屋顶需要保证一定面积的绿化，且需要设置消防水箱、上人楼梯等建筑结构，不利于光伏组件的铺设，因此可以考虑将光伏发电系统安装于公共管理与公共服务设施屋顶进行供电。对于该项目中的路灯杆，因为每根路灯杆安装的光伏板面积有限，所以发电量较低。

参 考 文 献

百度文库. 2020-10-13. 重庆市巴渝新农村民居通用图集（2010 年版）[EB/OL]. https://wenku.baidu.com/view/fb6ece25dd36a32d
　　737581d0.html.

戴辉自. 2012. 重庆地区夏季太阳能热水应用关键问题研究[D]. 重庆: 重庆大学.

丁勇, 连大旗, 李百战. 2011. 重庆地区太阳能资源的建筑应用潜力分析[J]. 太阳能学报, 32(2): 165-170.

董深, 张志刚, 石珍. 2016. 非晶硅 PV/T 系统全年运行的模拟研究[J]. 太阳能学报, 37(5): 1205-1210.

傅银银. 2013. 中国多晶硅光伏系统生命周期评价[D]. 南京: 南京大学.

工业和信息化部. 2021-5-10. 光伏制造行业规范条件(2015 年本)[EB/OL]. https://www.tid.gov.hk/english/aboutus/tradecircular/
　　cic/asia/2015/files/ci2015248a.pdf.

胡润青. 2009. 我国多晶硅并网光伏系统能量回收期的研究[J]. 太阳能, (1): 9-14.

黄汉云. 2013. 太阳能光伏发电应用原理[M]. 北京: 化学工业出版社.

江文华, 陈道劲. 2015. 重庆主城区空气质量及污染特征分析[J]. 四川环境, 34(5): 67-71.

李钟实. 2012. 太阳能光伏发电系统设计施工与应用[M]. 北京: 人民邮电出版社.

梁佳. 2012. 建筑并网光伏系统生命周期环境影响研究[D]. 天津: 天津大学.

刘加平. 2009. 建筑物理[M]. 4 版. 北京: 中国建筑工业出版社.

刘琦, 王德华. 2008. 建筑日照设计[M]. 北京: 中国水利水电出版社.

刘旭. 2013. 重庆地区太阳能热水应用适宜性研究[D]. 重庆: 重庆大学.

美国国际太阳能协会. 2013. 太阳能光伏发电设计与安装指南[M]. 李雅琪, 译. 长沙: 湖南科学技术出版社.

孟小峰, 徐刚. 2010. 重庆主城区空气质量时空分布及原因分析[J]. 亚热带资源与环境学报, 5(4): 37-42.

彭文. 2013. 光伏光热综合利用系统集热器结构设计与性能研究[D]. 长沙: 湖南大学.

任建波. 2006. 光伏屋顶形式优化的实验和理论研究[D]. 天津: 天津大学.

史珺. 2012. 光伏发电成本的数学模型分析[J]. 太阳能, (2): 53-58.

史文秋, 王昊轶. 2014. 关于光伏组件热特性模型的调查分析[C].中国光伏大会暨 2014 中国国际光伏展览会: 1-4.

苏剑, 周莉梅, 李蕊. 2013. 分布式光伏发电并网的成本/效益分析[J]. 中国电机工程学报, 33(34): 50-56,11.

汤鑫华. 2011. 论水力发电的比较优势[J]. 中国科技论坛, (10): 63-68, 95.

唐爽. 2017. 重庆地区分布式光伏系统应用效果研究[D]. 重庆: 重庆大学.

王厚华. 2006. 传热学[M]. 重庆: 重庆大学出版社.

王军, 王鹤, 杨宏, 等. 2008. 太阳电池热斑现象的研究[J]. 电源技术应用, (4): 48-51.

王丽文, 张君美, 张镇, 等. 2012. 光伏光热系统流程与数值模拟[J]. 煤气与热力, 32(7): 17-20.

王少义, 李英姿, 王泽峰. 2013. 太阳能光伏并网系统发电量预测方法[J]. 北京建筑工程学院学报, 29(1): 64-69.

王帅. 2012. 自然循环式光伏光热一体化太阳能平板集热器结构设计与数值分析[D]. 广州: 华南理工大学.

杨勇平, 杨志平, 徐钢, 等. 2013. 中国火力发电能耗状况及展望[J]. 中国电机工程学报, 33(23): 1-11,15.

恽旻, 孙晓, 周滢, 等. 2015. 辐照度和温度对光伏组件光电转换性能测量的影响[J]. 现代测量与实验室管理, 23(4): 3-5,28.

张勃. 2013. 北京地区光伏系统发电功率预测的研究[D]. 秦皇岛: 燕山大学.

张祎. 2017. 外遮阳百叶形式对能耗与舒适度的影响研究: 以天津地区为例[D]. 天津: 天津大学.

赵珊珊. 2010. 重庆农村地区太阳能利用情况调查及综合效益分析[D]. 重庆: 重庆大学.

中国气象局气象信息中心气象资料室, 清华大学建筑技术科学系. 2005. 中国建筑热环境分析专用气象数据集[M]. 北京: 中国建筑工业出版社.

中国质量认证中心. 2014. 光伏组件转换效率测试和评定方法技术规范: CQC 3309—2014[S]. 北京: 中国质量认证中心.

中华人民共和国住房和城乡建设部. 2012. 光伏发电站设计规范: GB 50797—2012[S]. 北京: 中国计划出版社.

中华人民共和国住房和城乡建设部. 2013. 可再生能源建筑应用工程评价标准: GB/T 50801—2013[S]. 北京: 中国建筑工业出版社.

重庆市生态环境局. 2021-3-10. 2016 年重庆市环境质量简报[EB/OL]. http://sthjj.cq.gov.cn/hjzl_249/hjzljb/201902/t20190228_3661953.html.

朱颖心. 2010. 建筑环境学[M]. 3 版. 北京: 中国建筑工业出版社.

朱颖心, 谷立静. 2010. 建筑光伏一体化的全生命周期环境影响分析[J]. 动感(生态城市与绿色建筑), (1): 42-45.

Geoff S, Susan N. 2014. 太阳能光伏并网发电系统[M]. 王一波, 郭靖, 译. 北京: 机械工业出版社.

Alonso-García M C, Ruiz J M, Chenlo F. 2006. Experimental study of mismatch and shading effects in the *I-V* characteristic of a photovoltaic module[J]. Solar Energy Materials and Solar Cells, 90(3): 329-340.

Boflnger S, Heilscher G. 2006. Solar electricity forecast-approaches and first results[C]. The 21st European Photovoltaic Solar Energy Conference:1-8.

Jiang H, Lu L, Sun K. 2011. Experimental investigation of the impact of airborne dust deposition on the performance of solar photovoltaic (PV) modules[J]. Atmospheric Environment, 45(25): 4299-4304.

Kenny R P, Huld T A, Iglesias S. 2006. Energy rating of PV modules based on PVGIS irradiance and temperature database[J]. https://publications.jrc.ec.europa.eu/repository/handle/JRC32716.

Nabil A, Mardaljevic J. 2006. Useful daylight illuminances: A replacement for daylight factors[J]. Energy and Buildings, 38(7): 905-913.

Williams S R, Betts T R, Helf T, et al. 2003. Modelling long-term module performance based on realistic reporting conditions with consideration to spectral effects[C].The 3rd World Conference on Photovoltaic Energy Conversion: 1908-1911.

Yona A, Senjyu T, Funabashi T. 2007. Application of recurrent neural network to short-term-ahead generating power forecasting for photovoltaic system[J]. IEEE Power Engineering Society General Meeting : 1-6.

后　记

　　光伏组件呈现出低电压、高功率的发展趋势，分布式能源就近消纳和双向传输将逐渐替代原有的集中式大网传输的能源供给方式，实现生产消化、消费一体化，推动能源生产和消费方式的全面重构。本书基于 2016～2018 年在重庆地区开展的实测分析与研究，主要针对离网式太阳能光伏发电系统、光伏活动式遮阳实验系统，以及光伏导光、通风一体化集成技术系统开展了测试分析和论证。随着技术产业的发展，新技术及新产品的涌现，本书中的应用结果需要根据产业发展进行重新核算。但本书中关于资源应用的分析，仍然适用于各种产品，它是光伏技术工程应用的基本支撑，以期能对光伏发电系统在建筑中的应用起到较好的工程指导作用。